권오길 교수의
강에도 뭇 생명이…

권오길 교수의 강에도 뭇 생명이…

2013년 12월 5일 초판 2쇄 발행
2012년 4월 23일 초판 1쇄 발행
지은이 권오길

펴낸이 이원중 **책임편집** 김찬 **디자인** 정애경
펴낸곳 지성사 **출판등록일** 1993년 12월 9일 **등록번호** 제10－916호
주소 (121－829) 서울시 마포구 상수동 337－4 **전화** (02) 335－5494～5 **팩스** (02) 335－5496
홈페이지 www.jisungsa.co.kr **블로그** blog.naver.com/jisungsabook **이메일** jisungsa@hanmail.net
편집주간 김명희 **편집팀** 김재희 **디자인팀** 이향란

ISBN 978-89-7889-252-0 (03470)

잘못된 책은 바꾸어드립니다. 책값은 뒤표지에 있습니다.

이 도서의 국립중앙도서관 출판시도서목록(CIP)은 e-CIP 홈페이지(http://www.nl.go.kr/ecip)와 국가자료공동목록시스템(http://www.nl.go.kr/kolisnet)에서 이용하실 수 있습니다. (CIP제어번호:CIP2012001719)

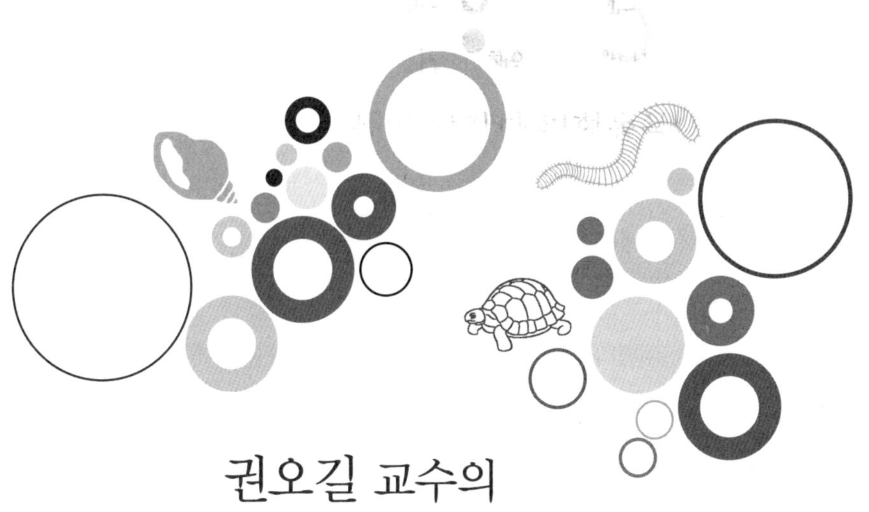

권오길 교수의

강에도 뭇 생명이…

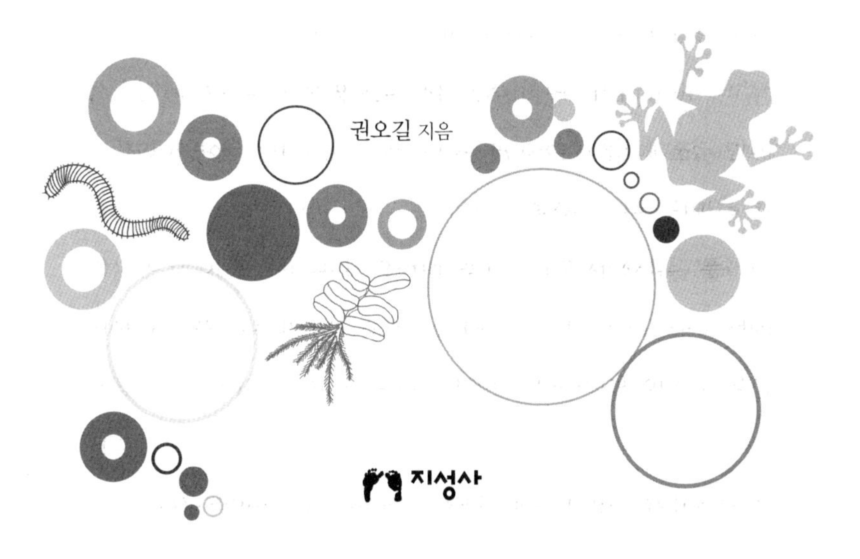

권오길 지음

지성사

머리말

"제 두레박 끈 짧은 건 생각지도 않고 남의 집 우물 깊은 것 탓한다."고 제 잘못은 모르고 핑계거리만 찾으며, "처녀가 아이를 낳아도 할 말이 있다."고 하듯이 핑계 없는 무덤 없는 법. 이거야말로 바로 내 꼴이다. 이리저리 돌려 구차하게 변명하자는 것은 아니지만 요새 와서는 글쓰기가 무섭고, 두렵고, 힘겨울 때가 더러 있다. 솔직히 개미 쳇바퀴 도는 모습이 싫다는 것.

허구한 날 한다는 짓이 생물 한 종種을 붙들고는 곰 가재 잡듯 이것저것 뒤지고 찾아 뼈다귀 상태인 초고草稿에 벌건 살을 더하고, 길쭉한 핏줄과 신경을 깔며, 질긴 살가죽까지 다듬어 알차게 덧붙인다. 게다가 집채만 하게 모아 둔, '눈을 끄는 단어와 마음에 드는 글'이라는 제목의 공책을 한 장 한 장 넘기면서 글발에 알맞은 곳, 적절한 자리에 찾아 넣는다. 어쩌다가 '용의 눈동자' 하나를 그려 넣고 나면 기분 좋아 글방 베란다에 나가 멍하니 구름과자(?)를 날린다. 이렇게 하나를 그리고 나면 사방에 널려 있는 또 다른 글감을 거듭 찾아 자잘한 글로 그림 한 폭을 묘사한다. 정녕 개미와 다람쥐가 따로 없다.

무엇보다 정해진 틀을 벗어나지 못하는 것이 스스로 애달프고 안타깝다. 늘 쓰는 생물 수필이 아닌 생물 시詩라거나 생물 동화를 써 볼까 하다가도 냉큼 주저앉고 만다. 연목구어緣木求魚라, 나무에 올라가서 물고기를 잡겠다고? 못 올라갈 나무는 쳐다보지도 말자. 20년 가까운 긴긴 세월 동물원 우리 안에 갇힌 신세라, 조롱에서 퍼덕퍼덕 활갯짓만 하고 있다.

내 마음이 이럴진대 눈 밝은 독자들은 얼마나 내 글이 지루하겠는가. 너덜너덜한 군더더기에 농도가 옅은데다가 깊은 내용도 없는 글 읽기 말이다. 물리지 않는 글을 써야 하는데…….
그래서 가끔은 자조自嘲 끝에 절필絕筆의 유혹도 받는다. 응당 언젠가는 이 일도 못할 날이 분명 오고야 만다. 그러다가 다시 맘 가다듬고 다잡아 군소리 없이 이 길이 나의 행복한 짐이요, 평생의 업業이라 여기며 글쓰기를 놓지 않고 쉼표 없이 가리라 다그치고 다짐한다. 상대편에서는 아무런 반응도 없는데 혼자서만 사랑하고 즐기는 것을 척애독락隻愛獨樂이라 한다지. 이 또한 내게 딱 맞는 말이다.

자기 하는 일을 사랑하고 즐길 적엔 제아무리 힘들어도 피곤하지 않으며, 내가 웃으면 세상이 웃는다고 했겠다. 그렇게 자위하는 수밖에 없다. 티끌 하나가 우주를 머금고, 풀 한 포기를 뽑거나 벌레 한 마리를 죽이면 그 영향이 달나라에까지 미친다고 하지 않는가. 고통 속에 신음하는 뭇 생명들과 함께 이야기 나누면서, 독자들과도 공감하는 그림을 담겠다고 나름대로 모질게 작심하고 하루하루를 버틴다.

다음은 이 책의 들머리에 있는 '원생동물'에 든 글의 한 토막이다.

"흰개미와 원생동물 한 무리 간의 놀랄 만한 공생 이야기도 자칫 빠뜨릴 뻔했다. 흰개미는 흰개미목의 곤충으로, 오래된 나무나 심지어 한옥의 나무 기둥도 스스럼없이 파고 들어가 속을 송두리째 갉아 먹는다. 이름과는 달리 벌목Hymenoptera의 개미보다는 바퀴벌레에 더 가깝다 하고 한국에는 흰개미*Reticulitermes speratus kyushuensis*와 집흰개미*Coptotermes formosanus* 2종이 살고 있다고 한다. 눈물방울이나 서양 배를 닮은 긴 편모를 많이 가진 원생동물인 트리코님파*Trichonympha* spp.는 주로 흰개미의 내장에 살면서 흰개미가 먹은 나뭇조각의 섬유소를 소화시켜 숙주에 양분을 제공해 주는 대신에 안전한 삶의 터전을 얻어 서로 도우며 사는 공생을 한다. 흰개미는 섬유소를 분해하는 소화 효소가 없어 일체 분해를 못하지만 트리코님파는 섬유소를 분해하는 셀룰라아제cellulase와 이당류인 셀로비오스cellobiose를 분해하는 셀로비아제cellobiase 효소를 가지고 있어서 섬유소를 단당류인 포도당으로 분해한다. 이것을 흰개미가 달갑게 받아먹는다. 어쩌다가 서로 죽이 맞아 이런 어엿한 진화를 하게 되었을까? 더할 나위 없이 기막힌 상생을 톡톡히 누리는 흰개미와 원생동물이다!”

이렇게 원생동물을 시작으로 민물해면, 히드라, 플라나리아, 연가시, 실지렁이, 그리고 발배腹足로 기어다니는 복족류 8종, 발이 도끼를 닮은 부족류 3종, 등짝이 딱딱한 갑각류 5종, 물에 사는 곤충인 수서 곤충 13종, 물이 집인 어류 11종, 물과 뭍에 산다는 양서류 7종, 벌벌 긴다는 뜻을 가진 파충류 4종, 깃털과 날개를 가진 조류 6종, 젖을 먹이는 포유류 1종과 물에 사는 수생 식물 9종 등 모두 74종의 강에 사는 생물이 이 책을 수놓는 배우들이다.

손에서 책을 놓지 않고 기꺼이 책을 가까이하여 학문을 열심히 닦을 때를 수불석권手不釋卷이라 일컫는다. 또 "Reader is Leader!"라는 말도 있다. 이렇게 동서양이 다 책 읽기를 권면勸勉하고 있지 않는가. 이 책도 그러함에 적은 보탬이 되었으면 하는 마음 간절하다. "깊게 파고 싶으면 넓게 파기 시작하라." 했다. 특히나 중 · 고등학생들이나 생물학과 관련 있는 분야를 전공하고픈 사람들에겐 이런 미욱하고 시답잖은 글도 딴엔 큰 건물의 밑돌이 될 것이라 여겨 좀 읽어 줄 만하다고 믿어 의심치 않는다. 그게 나의 유일한 바람이다!

봄내(春川) 후평동 글방에서

운봉(雲峰) 권오길

차례

머리말——4

1. 물과 생명——13

2. 세포가 하나인 원생동물——20

3. 드물게 보이는 민물해면동물——26

4. 쐐기세포로 쏘는 자포동물——33

5. 몸이 납작한 편형동물——39

6. 선형동물을 닮은 유선형동물——46

7. 마디마디 몸마디가 많은 환형동물——52

8. 몸이 부드러운 연체동물——58

 1) 배가 발인 복족류——58

 2) 도끼 닮은 발을 가진 부족류——78

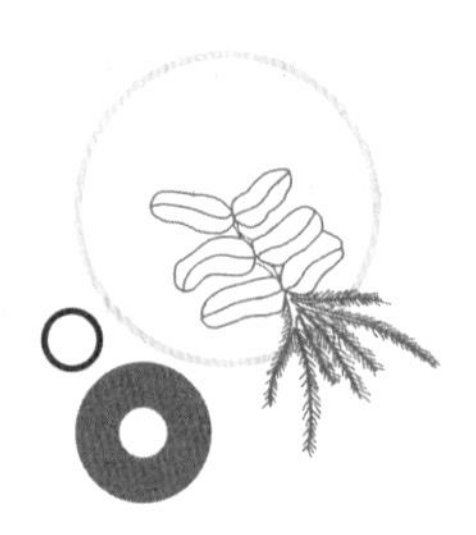

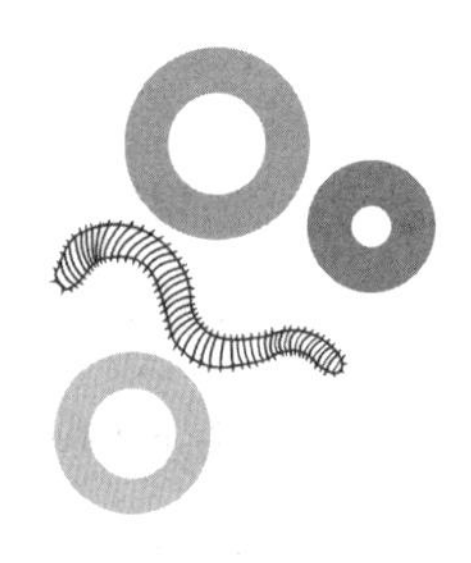

9. 다리에 마디가 많은 절지동물——90

1) 딱딱한 등딱지를 가진 갑각류——90

2) 물에 사는 곤충, 수서 곤충류——111

10. 등뼈를 가진 척추동물——157

1) 어류——157

2) 물과 뭍에 사는 양서류——199

3) 벌벌 긴다는 뜻을 가진 파충류——215

4) 깃털과 날개를 가진 조류——223

5) 젖을 먹여 새끼를 키우는 포유류——242

11. 물에 사는 식물인 수생 식물——250

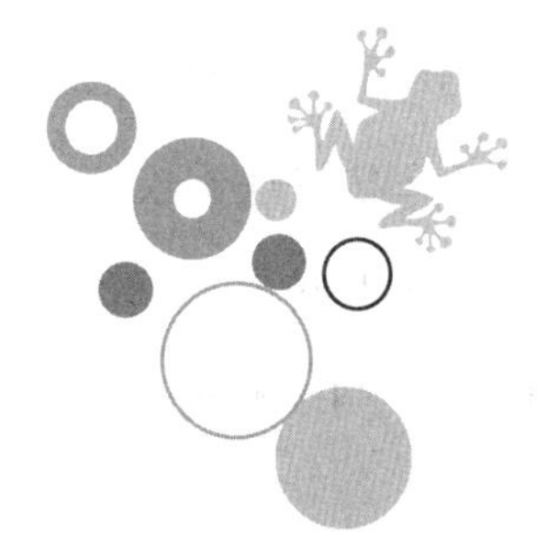

물과 생명

물에는 짠물인 해수海水, sea water, 해수보다 덜 짠 기수汽水, brackish water, 바닷물과 민물이 섞인 물, 소금기가 거의 없어 싱거운 민물淡水, fresh water이 있다. 이 책에서 이야기하려는 '물'은 해수나 기수가 아닌 민물이다. 물은 모든 생물체 세포의 거의 대부분을 차지하고 있으며, 생명 유지에 필수적이기 때문에 "생물은 물에서 산다."고 해도 과장이 아니다. 민물에도 호수나 연못, 늪이나 습지처럼 한자리에 머무는 것靜水이 있는가 하면 지하수와 샘, 개천, 강처럼 쉼 없이 움직이고 흐르는 것流水이 있다. "산은 늘 그 자리에 머물러 있어 절대로 변치 말라 하고, 강은 언제나 아래로 흐르고 흐르면서 애써 변하라 하네."라는 말이 떠오른다.

사람들은 이 물을 몸을 씻거나 목을 축이는 용도로 쓰고 물고기는 제 집으로 여기는데, 신은 은총의 감로수로, 아수라는 무기로, 아귀는 고름이나 썩은 피로, 지옥인은 끓어오르는 용암으로 본다고 한다. 어쨌거나 상선약수上善若水라, 노자는 물을 이 세상에서 으뜸가는 선의 표본으로 여기라 하지 않았던가.

바닷물의 소금 농도가 3.5퍼센트35퍼밀 정도인 반면 민물의 소금 농도는 0.05퍼센트0.5퍼밀에 지나지 않는다. 집집마다 매일 쏟아 내는 구정물은 물론이고 대소변에 든 소금기까지 강으로 흘러드니 이러나저러나 민물에 염분이 없을 수 없다. 김장철이 되면 소금을 쏟아붓기 일쑤니 강물의 염도는 더 올라간다. 참고로 '퍼센트%, per cent'가 100을 기준으로 한다면 '퍼밀‰, per mill'은 1000을 기준으로 하기에 35퍼밀이라 하면 바닷물 1000그램에 소금 35그램이 들어 있다는 의미이다.

민물은 안개나 비, 눈雪 등의 형태로 대기大氣에서 내려온다. 알고 보면 민물은 매우 소량으로 지구에 존재하는 전체 물의 2.75퍼센트밖에 되지 않는다. 그중 1.84퍼센트는 빙하 상태로 얼어 있으며, 0.4퍼센트는 지하수로, 0.04퍼센트만이 표면수surface water로 호수나 강물에 존재한다. 아니, 그렇게 많아 보이는 호수와 강물이 고작 전체 물의 0.04퍼센트라고!? 게다가 더욱 놀라운 것은 러시아의 바이칼 호와 북미의 오대호가 이 0.04퍼센트 중 8분의 7을 담고 있다는 것이다. 저런! 정말 물을 아껴

쓰고 더럽히지 말아야겠다는 생각이 절로 드는군! 물이 부족하다거나 물 때문에 국가끼리 싸운다는 말에 고개를 주억거리게 된다. 이 적은 물을 가지고 먹고, 마시고, 밥하고, 씻고 하는 것 말고도 농사를 짓고 공장을 돌려야 한다. 마땅히 수자원 보호를 위해 숲을 잘 보살피는 따위의 노력을 하겠다고 굳게 다짐한다. 아울러 강물의 오염이나 부영양화eutrophication를 줄이고 없애는 것이 예사로운 일이 아님을 알아야 하겠다. 물은 생명이기에 말이다. 무엇보다 지구 온난화로 민물 자원의 보고인 빙하 귀퉁이가 깡그리 녹아 바닷물과 섞여 영영 못 먹게 되어 버리는 것이 그지없이 아깝고 아쉽다.

민물에 사는 생물은 아무래도 저장액hypotonic 상태에 놓이게 되어 물이 몸의 세포 안으로 자꾸 들어오기에 원생동물은 수축포, 고등 동물은 콩팥에서 안간힘을 다해 물을 쉼 없이 퍼내야 한다. 바다와 민물을 오가는 회유어回遊魚, migratory fish들은 염분 농도 적응에 어려움을 겪기 때문에 체액 농도 조절을 위해 호르몬이 작용하는데, 민물장어eel의 프로락틴prolactin과 연어salmon의 코르티솔cortisol은 이 역할을 톡톡히 한다. 그리고 짜디짠 바닷물고기를 잡아먹는 새는 부리 바닥에 있는 염분 분비샘을 통해 있는 힘을 다 쏟아 소금을 분비한다. 소금 또한 많아도 탈, 적어도 탈이다.

다른 이야기로 들리지만, 화성火星에 날아간 미국의 로봇 '스피릿Spirit'이 가장 먼저 찾아 나선 것이 무엇이던가. 바로 물 H_2O이었다. 행성에 물이 있으면 생명이 존재할 수 있으니 첫째로 물의 유무를 확인하자는 것이다. 사람도 어머니 자궁의 양수羊水라는 소금기 있는 물속에서 280여 일 동안 지내다 나온다. '생명의 근원은 바다'라는 것을 증명이라도 하듯이 입에 넣었다 뱉었다 하던 자궁 속 양수는 바로 소금물이다. 슬며시 따스한 탕 속에 들어갈 때의 그 포근하면서 야릇한 느낌은 바로 어머니의 양수를 다시 만나는 순간의 쾌감일 게다. 생물체가 물덩어리라는 것은 어떤 점에서 유리할까? 물의 특성을 살펴보면 그 답을 깨닫게 된다.

첫째로 물은 지구 상에서 암모니아 다음으로 비열比熱이 큰 물질이다. 물의 온도를 올리는 데 많은 열이 필요하다는 뜻이다. 물 1그램을 섭씨 1도 올리는 데 무려 1칼로리cal가 든다. 다시 말하면 물은 외부 온도가 변하더라도 이내 바뀌지 않으며, 때문에 물을 주성분으로 하는 생물체는 외부 온도가 올라가거나 내려가도 영향을 덜 받고 한결 안정적으로 체온을 유지한다. 만약 생물체가 쇠나 돌멩이로 되었다면? 온도의 변화에 민감하여 체온도 들쭉날쭉, 오르락내리락할 뻔했다.

둘째, 물 1그램이 수증기로 바뀌는 데 드는 기화열氣化熱은

놀랍게도 500칼로리다. 즉, 적은 땀을 흘리면서도 쉽게 체온을 식힐 수 있는 것이다. 사우나실의 온도는 섭씨 100도 정도로 꽤나 높다. 그러나 습도가 10~15퍼센트로 열전도율이 낮을뿐더러 우리 몸이 물로 되어 있고, 1분에 400밀리리터㎖나 흐르는 땀의 기화열 때문에 곧바로 체온이 올라가지 않는다.

셋째, 물은 섭씨 4도에서 비중比重이 가장 크다. 비중이 크다는 것은 무겁다는 얘기다. 대부분의 물질은 온도가 내려갈수록 무거워지지만 물은 섭씨 4도에서 가장 무거워졌다가 온도가 떨어지면 되레 가벼워진다. 때문에 물이 얼음이 되면 가벼워져서 물 위로 둥둥 떠오르게 된다. 얼음이 물보다 더 무거웠다면 호수나 강은 바닥부터 온통 얼어붙었을 것이고, 물풀은 물론 조개나 물고기도 얼음 속에 묻혀 다 죽어 버리고 말았으리라. 오묘한 물의 특성이다.

넷째, 물은 수은水銀 다음으로 표면 장력表面張力이 크다. 물 표면이 팽팽한 힘을 갖는 탓에 물 위 곤충인 소금쟁이가 뜰 수 있다. 생물체들이 팽팽하게 제 모양을 유지하는 것도 세포 속 물의 표면 장력으로 탄력성을 띠기에 그렇다.

다섯째, 물은 어느 액체보다 점도粘度가 낮다. 물이 끈적끈적, 걸쭉했다면 물을 주성분으로 하는 피가 어떻게 13만 킬로미터가 넘는 긴 모세혈관을 따라 흘러갈 수 있겠는가. 건강하려면 물을 많이 마시라고 한다. 그것은 피의 점도를 묽게 하여 혈관에 피가 연방 술술 흐르게 하기 위함이다. 피가 밭아 제대로 흐르지 못하면 영양분과 노폐물 운반에 지장을 받을 것이 불 보듯 뻔하다. 그렇지 않은가?

여섯째, 물은 어떤 용매溶媒보다 소금을 잘 용해시킨다. 소금이 우리 몸에 얼마나 중요한지 모른다. 소금을 적게 먹으라고 했지 먹지 말라는 말은 들은 적이 없을 것이다. 세포막 대사에서부터 신경 흥분 전달까지 절대적인 생리 기능을 하는 것이 소금이다. 물이 있기에 소금을 녹여 몸이 제 기능을 발휘하게 하니 이 또한 물의 신성함이 아니고 무엇인가! 세족식洗足式, 침례浸禮, 목욕재계沐浴齋戒 등 종교와 물이 왜 그렇게 끔찍이 끈끈한 연을 맺고 있는지도 짐작이 간다. 정녕 물은 그냥 물이 아니고 생명을 깃들게 하는 원천源泉이요, 생명 그 자체로다.

그런데 물은 한자리에 머물지 않고 기체, 액체, 고체로 모양을 바꿔가면서 줄기차게 순환한다. 생태학에서는 이를 '물 순환water cycle'이라 한다. 공기 중 습기가 구름이 되고, 눈이나 비로 바뀌어 무시로 지구에 내려온다. 내려온 물은 태양열을 받아 바다, 강, 호수, 연못, 흙에서 증발하고, 식물의 잎에서는 증산작용을 하여 대기 중으로 다시 올라간다. 땅에 있는 물의 90퍼센트는 식물의 잎에서 증산하고, 나머지 10퍼센트 정도는 땅 표면에서 증발한다. 따라서 식물이 사실상 비를 만드는 셈이다.

이제부터 민물에 사는 생물 중 하등한 것에서 고등한 것 순서로 대표적인 것을 보아 나간다. 허나 생물이 하등하고 고등한 것이 무에 있을까. 다 우리끼리 정한 것이지. 태풍을 알아차리고 뭍으로 피하는 미물微物 갯강구와 거만스럽게 떵떵거리다 아닌 밤중에 홍두깨 맞은 격으로 화산재를 둘러쓰는 소갈머리 없는 영물靈物 인간, 어차피 둘은 대차 없는 생물이 아니던가. 의미 없는 생물은 세상에 없다!

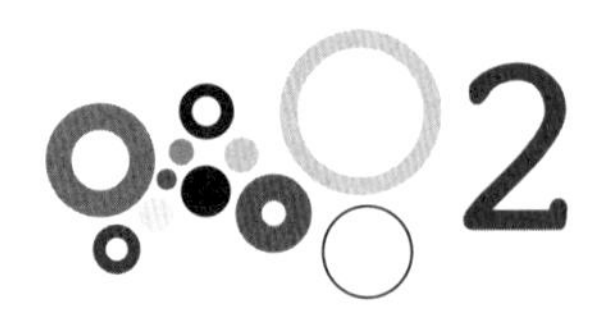

세포가 하나인 원생동물

원생동물原生動物, protozoa보다 하등한 세균은 핵nucleus이 없는 원핵생물原核生物, prokaryote이지만 원생동물은 나름대로 또렷한 핵을 가지고 있는 진핵생물眞核生物, eukaryote이다. 진핵생물은 원핵생물과 달리 세포 내에 핵뿐만 아니라 미토콘드리아, 엽록체, 골지체 같은 세포 소기관이 있다. 또 원생동물은 단세포 동물로 아메바류rhizopoda, 편모충류flagellata, 포자충류sporozoa, 섬모충류ciliophora로 나뉘고, 자유 생활하는 짚신벌레*Paramecium*, 아메바*Amoeba*, 유글레나*Euglena* 따위가 있는가 하면 기생 생활하는 것에는 배탈 나게 하는 장아메바*Entamoeba*, 수면병의 트리파노소마*Trypanosoma*, 학질을 일으키는 플라스모디움*Plasmodium* 같은 것들이 있다. 원생동물을 의미하는 'protozoa'의 'proton'은

'처음first', 'zoa'는 '동물animals' 이라는 뜻으로 후생동물後生動物, metazoan의 조상인 셈이다.

원생동물은 대부분 크기가 10~52마이크로미터㎛로 작으며, 아주 큰 것도 1밀리미터 정도이다. 일평생을 놈들과 살아오다시피 하여 녀석들에 이골이 난 원생동물학자들이 눈을 부릅뜨고 이 잡듯이 들쑤셔 찾아보지만 됨됨이가 턱없이 작다 보니 여태껏 분류도 미비한 상태이다. 원생동물은 세계적으로 약 5만 6000종이 확인되었으며, 그중 60퍼센트가 아메바 무리라고 한다. 학자에 따라서는 9만 2000종이 넘는 원생동물이 있다고 주장하기도 한다.

대부분의 원생동물은 단핵uninucleate이지만 짚신벌레 무리나 아메바 무리는 핵을 잔뜩 갖는 다핵multinucleate인 것이 많다. 이들은 주로 물에 살지만 소수는 축축한 곳이나 흙에도 산다. 녀석들은 어찌나 작은지 대부분 현미경을 통해서만 볼 수 있다. 이들의 특징은 무엇보다 세포가 하나인 단세포 생물이라는 것인데, 그것들이 '우주를 품고' 있다니 놀라지 않을 수 없다. 세포 하나에는 온갖 지구의 역사와 우주의 법칙이 들어 있기에 하는 말이다.

원생동물은 먹이를 얻는 방법에서도 세포막을 통해 흡수하는 놈, 아메바처럼 헛발로 먹이를 에워싸서 집어넣는 놈, 짚신벌레처럼 작은 '세포 입'으로 먹는 놈 등 갖가지다. 이들은 세균bacteria이나 조류algae를 먹으므로 그것들의 개체군이나 생체량을 조절한다는 점에서 생태학적 역할이 크다 하겠다. "하늘은 의미 없는 생명을 낳지 않는다."고 하듯이 하찮은 미물도 끝내 이렇듯 제 할 일을 다 한다. 하물며 사람이야…, 다 자기 하기 나름이다.

원생동물은 영양을 섭취하는 방법도 다양하여 엽록체를 가지고 있는 독립 영양autotroph 무리, 유기물을 흡수하여 식포食胞, food vacuole에서 세포 내 소화를 하는 종속 영양hetertroph 무리, 독립 영양과 종속 영양을 함께 하는 혼합 영양mixotroph 무리가 있다. 원생동물의 생식 방법 또한 매우 여러 가지라 세포가 칼같이 반으로 잘라지는 이분법二分法이나 몸의 일부가 덜컥 싹 틔우듯 부풀어 툭 떨어져 나가 새로운 생명체를 만드는 출아법出芽法 같은 무성 생식을 주로 하지만 자칫 환경 조건이 좋지 않으면 심심찮게 두 마리가 서로 달라붙어 기꺼이 소핵小核을 교환하여 생기生氣를 되찾는 유성 생식도 한다. 늙은이도 그렇게 하여 젊어지는 법이 어디 없을까나?

이들의 운동하는 방법 역시 각양각색이라, 아메바는 세포의 어느 부분에서든 불쑥 튀어나온 허족虛足으로 움직이고 먹이를 섭취하며, 짚신벌레는 몸에 가득 난 섬모纖毛로, 유글레나는 기다란 편모鞭毛로 물속을 휘저으며 누빈다. 원생동물의 몸은 비대칭이고, 식포에 먹이를 집어넣어 소화시킨다. 또 빛이나 온도에 민감하고, 수축포收縮胞를 통해 물을 밖으로 꾸준히 퍼낸다.

원생동물을 논하면서 원생생물이 분화한 까닭 중 하나인 '내부 공생內部共生' 이야기를 하지 않을 수 없다. 내부 공생이란 토박이 원시 세포가 딴 생물(또는 세포)을 느닷없이 욱여넣고 삼켜서 제 세포의 일부로 만들어 버리는 것을 말하는데, 삼켜진 세포는 숙주 세포 내에서 공생자symbionts로 살며 점차 독립성을 잃고 온전하게 세포 소기관이 되어 버린다고 한다. 내부 공생의 대표적인 예는 미토콘드리아와 엽록체이다. 지금까지 형태나 구조, 생화학적 특징, DNA 서열 구조들을 분석해 보면 호기성 세균好氣性細菌이 먹히거나 제 스스로 들어와 미토콘드리아가 되었다는 것이 뚜렷하게 드러난다. 모든 진핵 생물이 미토콘드리아를 간직하고 있다는 사실만 봐도 미토콘드리아의 내부 공생이 세포의 진화 과정에서 매우 초기에 일어났다는 것을 알 수 있다. 엽록체의 내부 공생은 이보다 조금 늦게 일어났을 것으로 추정되는데, 광합성을 하는 남세균藍細菌을 슬그머니 침입하여 엽록체가 되었다는 것이다. 엽록체와 남세균의 특성이 아주 같다는 데서 그 까닭을 찾으니, 이렇게 '세포의 진화 발자취'를 여기저기에서 찾는다.

근래 밝혀진 내부 공생의 다른 예로, 이따금 일부 쌍편모충류, 섬모충류, 유공충, 갯민숭이 따위가 덥석 조류나 규조류diatom의 엽록체를 잡아넣어 가두고 며칠에서 몇 달 동안 광합성을 하니, 이를 '색소를 훔친다'는 뜻인 'kleptoplasty'라거나 'chloroplast symbiosis(엽록체 공생)'라고 하는데 어쩌면 옛날의 내부 공생과 너무 비슷하다! 그러나 공생체로서의 완전한 동화同化가 되지 않아 엽록체를 계속 붙들고 있지는 못하고 시간이 지나면서 뜻하지 않게 엽록체는 분해되어 불현듯 사라지며, 부득불 또다시 먹이생물로부터 새로운 엽록체를 보충하니 번번이 들고나기를 반복한다.

흰개미와 원생동물 한 무리 간의 놀랄 만한 공생 이야기도 자칫 빠뜨릴 뻔했다. 흰개미는 흰개미목의 곤충으로, 오래된 나무나 심지어 한옥의 나무 기둥도 스스럼없이 파고 들어가 속을 송두리째 갉아 먹는다. 이름과는 달리 벌목Hymenoptera의 개미보다는 바퀴벌레에 더 가깝다 하고 한국에는 흰개미*Reticulitermes speratus kyushuensis*와 집흰개미*Coptotermes formosanus* 2종이 살고 있다고 한다. 눈물방울이나 서양 배를 닮은 긴 편모를 많이 가진 원생동물인 트리코님파*Trichonympha* spp.는 주로 흰개미의 내장에 살면서 흰개미가 먹은 나뭇조각의 섬유소를 소화시켜 숙주에 양분을 제공해 주는 대신에 안전한 삶의 터전을 얻어 서로 도우며 사는 공생을 한다. 흰개미는 섬유소를 분해하는 소화 효소가 없어 일체 분해를 못하지만 트리코님파는 섬유소를 분해하는 셀룰라아제cellulase와 이당류인 셀로비오스cellobiose를 분해하는 셀로비아제cellobiase 효소를 가지고 있어서 섬유소를 단당류인 포도당으로 분해한다. 이것을 흰개미가 달갑게 받아먹는다. 어쩌다가 서로 죽이 맞아 이런 어엿한 진화를 하게 되었을까? 더할 나위 없이 기막힌 상생을 톡톡히 누리는 흰개미와 원생동물이다!

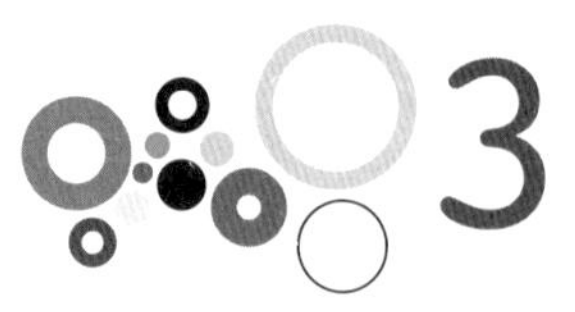

드물게 보이는 민물해면동물

민물해면 *Spongilla* sp.

민물해면은 해면동물海綿動物, porifera 중 민물해면과科의 동물로 후생동물後生動物 중 가장 하등한 동물 문門이다. 진화 과정에서 옆길로 샜다 하여 측생동물側生動物이라고도 하니, 즉 진화상으로 다른 동물과의 연관을 찾기 힘든 막다른 골목에 와 있다고 본다. 우리말로는 '갯솜동물'이라 하며, 고생대부터 살았다는 것을 화석을 통해 알 수 있다. 현생종의 대부분은 해산海産이지만 일부 담수산淡水産도 알려져 있다.

민물해면은 크기도 작은 것이 모양도 일정치 않고 뇌, 신경, 근육, 눈도 없어서 19세기까지만 해도 식물의 한 무리로 생각하였다고 한다. 맑은 연못이나 호수, 작은 냇물, 강물 속의 죽은 나뭇가지, 자갈, 돌멩이, 바위, 수초 줄기, 다릿기둥 따위에 달라붙어 덩어리를 이루거나 가지를 치며 겉면이 고르지 못하고 거칠다. 호수의 물을 빼면 드러나는 춘천 의암댐의 교각에도 까무잡잡한 회색 민물해면이 잔뜩 붙어 있는 것을 본다. 보통 갈색, 회색, 흰색이지만 개중에 빛을 받으면 녹색을 띠는 것이 있으니 녹조류가 공생하는 탓이다. 크기도 다 달라 헝겊 조각만 한 것에서 우표 딱지만 한 것까지 있으며 다 자라면 매트mat처럼 납작한 것이 아주 넓게 퍼진다. 같은 종이라도 물의 흐름이나 수온 등의 조건에 따라 크기와 모양이 다르다.

민물해면은 자신만이 갖는 특이한 동정세포를 통한 여과 섭식으로 먹이를 얻으며, 여름에는 출아법으로 번식하지만 겨울에 다다를 무렵이면 죽으면서 수천 개의 아구芽球를 만든다. 그것은 추위나 건조, 산소 부족을 잘 견딜 수 있을 만큼 두꺼운 껍질을 가진, 지름 300~500마이크로미터 크기의 알갱이이며, 겨울을 근근이 이겨 내고 이듬해 봄에 식물이 싹트듯이 거기에서 한사코 새 생명을 만들어 낸다. 그것은 바람에 날려가고 물에 흘러 가고 새 발에도 묻어가 퍼진다. 다른 하등한 동물처럼 엄청난 재생력을 가지며, 아메바 운동으로 하루에 1~4밀리미터 정도 이동하면서 모양도 조금씩 바꾼다고 하니 이런 운동 방법은 해면이 유일하다고 한다.

어디에 사는 어느 해면이나 몸에 난 수많은 작은 구멍으로 물이 들어가고 군데군데 나 있는 큰 구멍으로 물이 모여 나간다. 끊임없이 들이마시는 물에는 플랑크톤이나 유기물, 찌꺼기들이 있어 그것들을 먹이로 섭취한다. 사람에게 특별히 이익이 되지 않는 탓에 연구가 거의 되지 않고 있으나 물의 오염을 알아내는 지표 생물로 쓰인다. 세계적으로 20~30여 종이 알려졌으며 북미, 유럽, 아시아 지역에 널리 산다. 민물해면 중에는 먹을 것이 없으면 새우나 다른 작은 동물을 잡아먹는 놈들이 있다는데, 이것들은 몸 안에 물이 흐르지 않으며 동정세포도 없다고 한다.

민물해면의 친적 바다해면에 관한 개인적인 일화가 있다. 세월은 물같이 흘러 필자가 오십여 년 전 대학생 때다. 요새도 학생들을 가르치면서 번뜩번뜩 '나도 저런 대학 시절이 있었지.' 하고 상념에 잠길 때가 있다. 1960년 대학 2학년 때, 선배 조교 선생님이 생뚱맞고 특별한 명령을 한 적이 있다. 오는 여름방학에 전남 여수에서 '해양생물학' 실습이 있으니 강의실에 돌아다니면서 백묵 가루를 모으라며 거듭 채근하신다. 탐탁하지 않지만 영문도 모르고 이 교실 저 교실 돌아다니면서 지우개로 싹싹 쓸어 모아 신문지에 쌌다. 지금 같으면 값싼 석회 한 포만 사서 가져가면 됐겠지만 당시는 지지리 못살아 간난艱難에 찌든 시절이었음을 독자들도 잘 알 것이다.

해양 실습을 하기 위해 현미경을 비롯한 자잘한 실험 기구들을 꾸리고 챙기면서 백묵 가루도 신주神主 모시듯 챙겨 요새 같으면 몇 시간 만에 갈 여수를 밤새도록 기차를 타고 갔다. '금석지감' 이라는 말은 이럴 때 쓰는 것이리라. 강의 지도 교수님은 최기철 은사이셨다. "호랑이 스승 밑에 개犬 제자 나지 않는다."고, 훌륭하신 선생님에게서 사랑받고 배운 것이 지금도 자랑스럽다. '그 선생에 그 제자' 라는 말이 있지 않는가.

드디어 조교 선생님과 함께 백묵 가루를 챙겨 들고 가까운 바닷가로 나갔다. 선생님께서 잠깐 설명을 하시고는 바닷가에 버글버글 가득 깔려 있는 해면밭에 백묵 가루를 뿌리라 한다. 엉겁결에 우리는 한바탕 왁자지껄, 곳곳에다 뿌옇게 백묵 가루를 흩뿌려 놓고는 뒷짐 지고 멀뚱히 내려다보고 있었다. 이때 대뜸 선생님께서, "자네들 저 가루가 어떻게 되는가를 잘 관찰하라." 하신다. 우리 모두는 미심쩍은 눈으로 조용히 뚫어지게 바다 밑을 내려다본다. 전혀 낌새도 채지 못한 상태로 얼마간 침묵이 흐른다. 아니!? 먹성 좋은 해면! 하얀 백묵 가루가 이내 잦아들더니 마침내 하나도 없이 깡그리 없어지고 만다. 세상에 어찌 이런 일이!? 선생님은 팔깍지(두 팔을 어긋매끼게 낀 상태)를 하시고 멀찍이 서 계시면서 어쩌면 우리가 놀라는 모습을 마냥 즐겁게 바라보셨을 터다. 아!? 다시 한 번 탄성, 박수, 놀람이 인다. 조금 있으니 해면밭의 군데군데에 봉긋봉긋 하얀 백묵이 마치 씹어 뱉은 듯 화산재처럼 점점이 드러나지 않는가! 정말이지 그 변화무쌍한 장면이 아직도 내 머리에 훤하니 틀어박혀 있다. 가슴이 먹먹해 오면서, "과학 하는 사람은 늘 놀라움에 끌리는 마음, 미지에 대한 탐구심, 삶에 대한 환희와 열망을 가지라."고 한 말을 새삼 되새기게 된다.

해면 위에 뿌린 백묵 가루가 좀 있다가 어디론가 사라지고 만 것은 수없이 많은 작은 구멍을 타고 물과 함께 해면의 몸 안으로 따라 들어가 버렸기 때문이요, 결국 몇 안 되는 꼭대기의 큰 구멍으로 토해낸 것이 여기저기 작은 흰 점으로 보였던 것이다. 편모가 있는 동정세포가 있어서 작은 관을 통해 물을 흘려보내고, 거기에 든 먹이를 잡아먹는다고 한다. 해면은 움직이지 못해도 동물이요, 다세포 동물 중에서도 가장 하등한 동물이다. 해면을 크게 보통해면, 석회해면, 육방해면으로 나누고, 해면을 구성하는 탄산칼슘이나 규소 성분에 따라서 분류한다.

안이 빈 목화솜을 닮았다 하여 '해면'이라 하며, 때문에 물을 잘 흡수할 뿐더러 많이 품을 수 있고, 틈새가 많아서 충격 흡수도 잘한다. 보통 우리들이 집에서 쓰는 해면은 자연산이 아닌 인조 해면으로 자연산 해면을 그대로 흉내 낸 것이다. 3000여

종의 바다해면 중 겨우 3종만 부엌에서 사용한다. 지중해나 멕시코 만에서 커다란 해면 덩어리를 뜯어내 아무 데나 놓아두어 썩힌 다음 짓밟아 뭉개고 패대기쳐서 물렁한 해면질은 모두 뽑아내고 골격 성분만 남은 것을 물에 씻어 쓴다. 그것이 자연산 해면으로 욕실, 그릇, 가구 들을 문지르고 닦는 데 사용한다. 요근래 옛 시절로 돌아가는 복고풍이 유행하면서 인조 해면 대신 수세미를 쓰는 것을 보았다. 그도 그럴 것이 수세미도 해면처럼 안에 공간이 많아서 물을 잘 품는다.

바닷가의 해면 실험을 끝내고, 모둠별로 해면을 한 움큼씩 따 왔다. 정말 황당한 일이 벌어진다. 조교 선생님이 다들 가져온 해면을 막자 사발에 넣고 가루가 되도록 잘게 갈아 부수라고 한다. 소름이 끼칠뿐더러 황당하기 그지없는 일이다! 그리고 그 가루를 바닷물을 넣은 비커beaker에 각각 쏟아붓고 가만히 보라 한다. 이건 또 무슨 도깨비장난인가? 나중에 보니 비커 안에 느닷없이 해면 꼴을 한 덩어리가 생겨났다! 재생 실험이었다. 가루를 만들어 버려도 떡하니 다시 살아나는 해면! 하등한 동물일수록 재생력이 강하고, 사람도 갓난아기나 어린이가 상처도 빨리 잘 낫는다. 다른 기록을 보면 해면은 세포 하나에서도 온전한 해면을 키워 낸다고 하니 혀를 내두를 수밖에. 참 질긴 생명력을 가졌구나!

해불양수海不讓水라는 말이 있다. 깊고 넓은 저 바다는 더러운 물, 깨끗한 물을 가리지 않고 받아들인다. 나무가 새를 가리지 않고 가지를 벌려 주듯이. 나도 바다, 나무, 해면을 닮아 어떤 사람의 아무 이야기라도 다 받아 품어 주고, 아픈 충격을 받아도 푹신푹신 이해하며, 깊게 다친 마음의 상처도 용서하여 말끔히 본래대로 되돌려 놓으리라. 해면이 되어라!

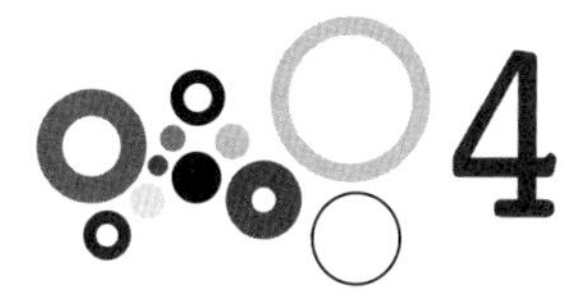

4 쐐기세포로 쏘는 자포동물

◘ 히드라 *Hydra* sp.

자포동물刺胞動物, Cnidaria을 대표하는 히드라를 살펴보자. 전설의 동물 히드라는 그리스 신화에 나오는 괴물로 '물뱀'을 뜻한다. 9개의 커다란 머리를 가진 구두사九頭蛇로 아홉 머리 중 하나는 불사不死의 마력을 지니고 있었다 한다. 히드라가 내뿜는 숨결이나 피부에서 배어 나오는 점액에는 강력한 독이 들어 있어 들이마시거나 닿기만 해도 온몸의 살이 썩어 들어가 목숨을 앗아가 버리니 날고 기는 신조차 함부로 건드리지 못했다고 한다. 괴물의 머리를 1개 떨어뜨릴 때마다 어김없이 2개의 머리가 불쑥 새로 생겨났으며, 헤라클레스Hercules가 끝내 목이 붙어 있는 부분을 몽땅 태워 없애고 큰 바위 아래 파묻어 마침내 골칫덩어리를 퇴치할 수 있었다. 그리고 그는 히드라에서 얻은 독毒을 화살촉에 발라 썼다고 한다.

히드라는 자포동물 히드라과Hydridae의 동물이다. 옛날에는 히드라, 말미잘, 산호 같은 자포동물과 빗해파리가 속하는 유즐동물有櫛動物의 창자腸에 해당하는 부위가 비어 있다 하여 둘을 묶어 '창자가 빈 동물', 즉 강장동물이라 불렀으나 학문도 진화를 하는지라 지금은 따로 나눠 다룬다. 다른 자포동물은 한곳에 붙어사는 폴립polyp과 물에 떠다니며 사는 메두사medusa 시기를 차례로 거치는 것이 많지만 여기서 이야기하는 히드라는 평생 고착 생활을 하는 폴립이다.

히드라는 온대 지방이나 열대 지방의 연못, 늪, 호수, 강의 수초에 붙어사는데 일부는 바닷물에도 산다. 뚜렷한 뇌나 근육이 없지만 입 둘레에 1~12개의 촉수가 나 있으며, 그 촉수에는 이 동물들만 갖는 수천 개의 쏘는(찌르는) 세포인 자포刺胞가 한가득 들어 있다. 세상에 만만히 볼 생물이 없다. 자포 안에는 꼬인 실올 같으면서 아프게 찌르는 것이 들어 있으니 이것을 '자사刺絲'라 하고, '찌르는 실'인 자사에는 작은 침針이 가득 붙어 있다. 일촉즉발一觸卽發, 자포를 건드리면 금방 자포 속으로 한꺼번에 물이 들어가면서 자사가 휙 튀어나와 가차 없이 거세게 찌르고 독을 분비하여 먹이를 잡거나 포식자를 물리친다. 비슷한 무리인 해파리에 쏘이면 따갑고 아픈 것도 그런 탓이다.

강의 시간에 자포동물의 '찌르는 세포' 이야기를 할 때면 언제나 학생들에게 하는 이야기가 있다. 더군다나 괜찮은 내용이라 여기서도 그냥 지나치기 아쉬워 한마디 덧붙인다. 공부를 하는 사람은 옛 어른들이 그랬듯이 굵은 끈과 칼이 있어야 한다!? '현두자고懸頭刺股', 즉 '달아맬 현懸', '머리 두頭', '찌를 자刺', '허벅지 고股'를 커다랗게 책상 앞에 써서 붙인다!? '머리를 대롱대롱 천장에 달아매고 허벅지를 서슴없이 칼로 찌르며' 공부하라는 말이다. 어디 옛날의 과거 시험은 누워서 떡 먹기였겠는가. 상투에 끈을 묶어 천장에 달아맸으니 졸아도 책상 바닥에 얼굴이 닿지 않아 침 흘리지 않아 좋고, 번쩍이는 칼은 손으로 들어올리기만 해도 섬뜩해 잠이 싹 달아난다. 부디 상투가 흐물흐물 당겨져 빠지고 허벅지에 시퍼런 멍이 한가득 들게끔 공부하시라.

민물히드라의 몸은 긴 원통형이고 몸길이 5~15밀리미터로 몸은 방사 대칭이다. 체벽은 외배엽성과 내배엽성의 두 겹이며, 내장위강, 胃腔은 비었다. 몸통의 밑바닥에 있는 납작한 밑판에서 끈적끈적한 점액이 나와 몸을 바닥에 달라붙게 한다. 이렇게 주로 고착 생활을 하면서 조금씩 움직여 하루에 고작 1센티미터 정도 자리를 옮기다가도 포식자가 나타나면 몸을 사리지 않고 바닥의 판을 급작스레 떼어 요동치듯 부랴부랴 도망을 가기도 한다. 또 더러는 자벌레처럼 기듯 하지만 때로는 용케도 슬며시 촉수를 뻗어 바닥에 대고 밑판을 떼어 거꾸로 한 바퀴 뒤집어 공중제비를 돌면서 이동한다.

수초나 바닥에 떨어진 낙엽, 통나무, 나뭇가지, 떠다니는 잎사귀들에 붙으며, 물풀을 한가득 채집하여 수조에 넣어 두면 이놈들이 유리벽에 다닥다닥 옮겨 붙는 것을 볼 수 있다. 체색은 보통 황갈색이지만 체내에 공생하고 있는 단세포 녹조류에 따라 여러 색으로 변한다. 클로렐라 공생체는 몸 안쪽 벽 세포 안에 들어 있는데 그것들은 광합성을 하여 탄수화물을 히드라에게 주고, 육식을 하는 히드라는 삶의 터전은 물론 질소 성분까지 클로렐라에게 주면서 서로 정답게 공생한다. 이 클로렐라를 무균 순수 배양하여 사람들이 즐겨 먹는데, 소화 흡수율을 높이는 건강 보조 식품 중 하나로 한때 우주식宇宙食으로 주목 받은 적도 있었다.

히드라는 신경과 근육이 있어서 자극을 받으면 몸을 움츠리고, 사나운 육식 동물로 입이 걸어 실지렁이나 윤충rotifers, 곤충의 유생, 갑각류인 물벼룩*Daphnia carinata* 들을 마구잡이로 먹는다. 촉수를 제 몸길이의 4~5배로 늘려서 먹이에 그것을 갖다 댄 다음, 자사로 연방 찔러 마취시켜 잡는다. 입은 위강과 이어지는데 항문이 없기 때문에 소화되고 남은 찌꺼기는 입으로 되나온다. 히드라를 키우는 데는 염소Cl가 든 수돗물은 좋지 않고 연못 물이나 빗물이 좋다. 수조의 물은 일주일에 한 번 정도 갈아 주고 먹잇감인 물벼룩은 플랑크톤네트plankton net로 연못 등에서 채집하여 주면 된다. 먹이가 없으면 줄곧 자기 조직을 녹여 먹으면서 바짝 쭈그러들다가 결국은 문드러지고 이지러진다고 한다.

먹이가 풍부하면 어미 몸에서 나무의 맹아萌芽가 움트듯 출아出芽를 하여 훌쩍 자라 모체에서 떨어져 성체가 되는 무성 생식을 한다. 하지만 먹을 것이 없거나 겨울이 오면 몸 안에서 생식소난소와 정소가 생겨 그것이 몸 밖으로 불룩 튀어나오면서 정자와 난자가 수정하고, 수정란은 바깥에 두꺼운 피막被膜을 뒤집어쓰면서 바닥에 떨어진 채 휴면 상태로 머물다가 봄이 오거나 환경 조건이 호전되면 기어이 다시 발생을 한다. 대부분 암수한몸이지만 어떤 종은 암수딴몸인 놈도 있다 한다.

앞에서 "불사의 마력을 지니고 있다."고 했고, "괴물의 머리를 한 개 떨어뜨릴 때마다 두 개의 머리가 새로 생겨났다."고도 했다. 실제로 히드라는 재생력이 썩 강해서 고작 몸의 200분의 1만 남아 있어도 완전히 재생하며, 좀체 늙지 않고 절대로 늙어 죽지도 않는 요상한 동물이다. 옛날 사람들도 마냥 엉터리가 아니고 과학적인 사실에 근거하여 신화神話를 쓴다는 것을 알 수 있는 대목이다. 이들의 온갖 재생 메커니즘을 제대로 밝힌다면 사람 몸의 재생에도 꽤나 응용이 가능하리라! 이제껏 우리나라에서는 히드라 연구가 턱없이 부실한 탓에 좋은 자료를 거의 찾을 수 없었다. 재언하면 아직도 상당히 소홀이 여긴 분야로, 굳이 따진다면 학문의 불모지대不毛地帶라 하겠다. 하여, 빛을 못 본 채 노다지로 묻혀 있는 히드라를 전국에서 채집하고, 분포, 생리, 생태들을 샅샅이 훑어 파고들면 분명 거기에 멋진 비밀이 수두룩하게 들어 있을 텐데……. 돈이 되지 않는 것들은 이렇게 푸대접을 받는다.

몸이 납작한 편형동물

플라나리아 *Planaria* sp.

편형동물扁形動物인 플라나리아는 와충강渦蟲綱, Turbellaria 플라나리아과Planariidae에 속한다. 'Planaria' 라는 단어가 흔히 좁은 의미로 한 속의 속명으로 쓰는 말이라면 'Planarian' 은 플라나리아과에 속하는 모든 것을 아울러 이야기 할 때 쓰는 말이다. 다시 말하면 전자는 좁은 의미이고 후자는 넓은 의미를 가진 것으로 이해하면 된다. 그런데 외국의 교과서에서는 '플라나리아' 와 '플라나리안' 을 섞어 쓰기도 하니 영어 생물교과서에 'Planarian' 이라 쓰여 있는 것을 보아도 의아하게 여기지 않을 터다.

플라나리아는 몸이 편평扁平하다 하여 편형동물이라 한다.

벼룩은 양 옆으로 눌렸지만 이것은 사뭇 아래위로 눌린 모습이다. 몸길이는 기껏 10~20밀리미터이지만 열대 지방의 어떤 놈은 60센티미터나 된다고 한다. 저런, 작은 뱀만 하구나!

열대 지방에서 정온 동물항온 동물은 덩치가 작아지고, 반대로 한대 지방으로 갈수록 몸집이 커지는 것을 '베르그만의 법칙 Bergmann's Rule'이라 한다. 또 정온 동물 중 같은 종이지만 적도와 가까운 더운 곳에 사는 것은 팔과 다리가 상대적으로 길다는 것을 '알렌의 법칙Allen's Rule'이라 하고, 동일 종이지만 더운 지방에 사는 것은 체색이 검다는 것을 '글로거의 법칙Gloger's Rule'이라 한다. 그렇구나. 북극곰은 털색이 희고, 몸집이 집채만 한 데 열대 지방에 사는 사람이나 닭은 다들 턱없이 마르고, 몸피에 비해 팔다리는 길고 살색이 검다! 참 그들이 생물의 세계를 예사로이 보지 않았구나! 알다시피 변온 동물인 나비를 보더라도 몸피는 열대 지방으로 갈수록 커지고, 몸 색깔도 선뜻 몰라보게 곱고 현란하기 그지없다.

플라나리아는 좌우 대칭이며, 작은 놈들은 섬모를 움직여 운동하지만 큰 놈들은 근육을 쓴다. 전자는 몸에서 분비한 얇은 점액층 위를 배 바닥에 난 섬모를 움직여서 이동하는데, 이때 섬모 운동을 현미경으로 보면 소용돌이 물결이 일기에 소용돌이를 이르는 '와渦' 자와 벌레를 뜻하는 '충蟲' 자를 써서 '와충류'라 이름 붙였다. 대형 종은 몸의 근육을 파도 모양으로 움직여 스멀스멀 기어간다. 플라나리아는 세계적으로 널리 분포하고, 바다나 땅 위 흙 속의 나무토막 밑, 풀 사이 등 축축한 곳에 살며, 민물플라나리아는 민물의 연못, 냇물, 강과 호수의 밑바닥 및 수생 식물이나 돌 밑에 산다. 더러는 갈색이거나 적갈색, 회색으로 색깔이 다양하며 배 쪽이 등 쪽보다 밝고 연한데, 뜻밖에도 어떤 것은 알비노albino로 아주 새하얀 것도 있다.

민물플라나리아는 전체적으로 무딘 삽 모양으로 머리가 얼추 삼각형에 가까운 모양이다. 또렷한 2개의 안점eye-spots이 있으며 꼬리 끝이 뾰족하고, 머리 아래 양쪽에는 귀를 닮은 날선 뿔 돌기가 나 있어 수온이나 수류, 화학 물질을 감지한다. 아주 맑은 물이 흐르는 강가에서 작은 돌을 들어 뒤집으면 빛이 드리워지는 탓에 우글우글, 슬금슬금 미끄러지듯 어두운 쪽으로 내뺀다.

암수한몸이지만 정자를 서로 맞바꾸는 유성 생식을 하며, 수정란은 알주머니에 들어 있다가 나와 몇 주 지나면 어김없이 이내 부화한다. 가끔은 꼬리를 스스로 잘라 나름대로 새로운 개체를 만들어 내는 무성 생식을 하는 수도 있다. 소화 기관은 입, 인두咽頭, 위수강胃水腔, 소화관 순서이고, 입은 몸의 중앙부 아래(배)에 있으며, 입 안의 인두를 뒤집어 밖으로 끌어낸 후 먹이에 세게 집어넣어 힘차게 뺀다. 가스 교환은 확산擴散으로 일어나며 배설 기관은 원신관原腎管으로 관 끝에는 이들 동물의 전유물인 화염세포火焰細胞, 불꽃세포가 있어 노폐물을 모아 등 쪽에 있는 구멍으로 내보낸다. 신경계는 사다리꼴이다.

어느 것이나 재료가 풍부해야 실험을 쉽게 할 수 있다. 닭고기 날것이나 간, 삶은 달걀의 노른자위를 거즈에 싸서 물속에 넣어 두면 번들거리는 플라나리아가 삽시간에 한가득 잰걸음으로 몰려온다. 검은 종이로 싸거나 불투명한 용기에 집어넣어 물을 붓고 기포 발생기로 공기를 넣어 주면서 먹이를 조금씩 주고, 가끔 물갈이도 해 주면서 정성껏 기른다. 이렇게 보살펴 키우면서 섬뜩하고 몸서리치는 재생 실험을 해 본다. 아야, 퍽 아프다! 부들부들 발버둥치는 애꿎은 플라나리아의 악쓰는 신음이 들린다. 예리하게 날선 면도날을 써서 몸을 세로로 또는 가로로 반 토막을 내어 두면 흥미롭게도 잃은 부위를 거듭 새로 만들어 낸다. 장난이라고 하기엔 심하지만 머리나 꼬리를 각각 반으로 쪼개 두면 익살맞게도 몸 하나에 머리가 두 갈래인 쌍두雙頭나 끄트머리 꼬리가 둘인 쌍미雙尾의 플라나리아가 탄생한다. 이렇게 재생하는 힘이 센 까닭을 찾는 여러 과정에서 재생에 영향을 미치는 240개의 유전자를 새로 발견하였다고 한다. 생물학자들은 하찮은 동물 플라나리아를 빌어 이런 극악무도한 실험을 하면서 재생의 힘이 어디에 있는지, 그 뒤엉킨 실마리를 풀고 싶었던 것이며, 종국에는 사람에 써먹으려는 노림수와 바람이 들어 있음이 엿보인다.

플라나리아는 뇌가 있기에 가까스로 학습을 할 수 있다. 저 하등한 플라나리아도 배우고 익히는데 하물며 최고의 고등 동물인 우리 사람이야 말해서 무엇하랴! 어차피 공부란 칭찬과 꾸지람을 되풀이하는 것. 플라나리아에게 센 빛을 비추고 난 다음 바로 전기 자극을 주는 행동을 여러 번 반복하면 나중에는 전기 자극 없이 센 빛만 비추었는데도 전기를 받은 것처럼 몸을 움츠리는 반응을 한다. 개에게 종을 울린 다음에 밥 주기를 반복한 다음에는 종만 쳐도 스스럼없이 침을 흘린다는 파블로프Pavlov의 조건 반사 실험과 같다. 동물의 행동은 가장 하등한 주성走性, taxis에서 시작하여 조건 반사conditioned reflex, 본능instinct, 지능intelligence, 학습learning의 순서로 발달한다.

이렇게 '공부를 시킨' 놈들의 몸을 앞에서처럼 반으로 잘라 재생시키면 그놈들도 같은 반응을 일으켰다 하고, 여기서 한 발 더 나아가 학습된 플라나리아를 갈기갈기 찢어 산산조각을 낸 후, 그것을 다른 것들에게 먹여 실험을 했더니만 놀랍게도 조각을 먹이지 않은 것들보다 훨씬 빠르게 배웠다고 한다! 막상 다른 쥐나 물고기들에서 비슷한 실험을 숱하게 했지만 실패하였다는데 말이지. 그러나 애초에 기억 물질이 따로 있는 것이 아니고 먹은 조각에 들어 있는 호르몬 성분이 이런 결과를 가져온 것이라는 결론이 났다. 과학에는 선입관과 편견이 있어서는 안 된다. 놀라운 경험을 통해 '기억'의 정체를 찾아보겠다고 치열하게 탐구하는 과학자들의 집념만큼은 알아줘야 한다.

땅에 사는 플라나리아에 대해 조금만 알아본다. 필자가 달팽이 채집을 다닐 때 심심찮게, 아니 늘상 이들을 만났다. 산자락의 돌 밑이나 낙엽, 쓰러진 나뭇등걸 아래의 축축한 곳에 길쭉하고 촉촉하면서 기름기가 반질거리는 것이 똬리를 틀었다가 스르르 기는 터라 그 역한 모습에 뱀을 만난 듯 징그럽고 소름끼친다. 머리가 초승달 꼴을 하거나 화살촉을 닮았다 하여 'arrowhead flat worm'이라고도 부른다. 몸의 너비는 7~13밀리미터이고, 긴 놈은 몸길이가 25센티미터나 되며, 주로 지렁이나 민달팽이를 잡아먹는다. 지렁이를 눌러 올라타고 제 주둥이에서는 인두를 끄집어내어 서슴없이 지렁이 몸에 꽂고 즙액을 빨아먹으니 지렁이가 참 무서워하는 천적의 하나이다. 이 놈들은 먹잇감이 부족하면 서로 잡아먹는 동족 살생도 마다 않는다.

야행성으로 늘씬하게 생긴 것이 몸은 아주 물렁하고 납작하다. 좌우 대칭이고, 호흡 기관이나 순환 기관이 따로 없으며 몸의 중간 아래 있는 입이 항문 역할도 한다. 안점이 있지만 눈의 역할을 하지 못하며, 체색은 회색이거나 황갈색인 것이 많다. 머리부터 꼬리까지 2줄의 등줄 무늬가 길게 흐르듯 나 있고, 미끈한 점액을 분비하여 미끄러지듯 사뿐사뿐 긴다. 한마디로 민물 것이나 땅의 것이 서로 비슷한 점이 너무 많으니 두말할 필요 없이 같은 조상에서 갈라져 나온 것이 틀림없다.

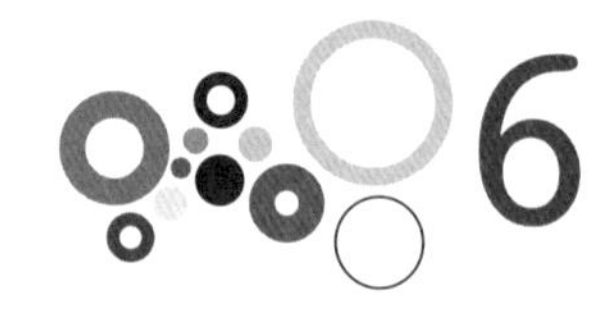

6 선형동물을 닮은 유선형동물

연가시 *Gordius* sp.

생각할수록 얼토당토않고 괴이한 일이다. 배불뚝이가 된 가을메뚜기, 귀뚜라미, 사마귀들이 느닷없이 내처 물을 찾아 나선다?! 곤충들은 분명 양지바른 언덕배기에 알을 낳는데 왜 부득부득 낯선 물가로 간단 말인가. 배 속에서 다 큰 연가시가 물 냄새 물씬 풍기는 곳으로 군말 없이 달려가도록 거침없이 내모는 탓이다! 강물 가까이에 도달하자마자 서슴없이 물속으로 기어들어 발을 담근다.

자연계에는 이렇게 빌붙어 먹고사는 것들이 주인의 행동을 제멋대로 휘젓는 경우가 수두룩하다. 기생충이 특수한 단백질을 만들어서 직간접적으로 숙주의 중추신경계와 내분비계를 혼란케 하거나 충동질하기 때문이라 여기지만 지금껏 그 까닭은 확실히 밝히지 못하고 있는 실정이다. 그런가 하면 뇌도 호르몬도 없이 어수룩해 보이는 곰팡이가 제 홀씨포자를 흠씬 퍼질 수 있게 하기 위해 짓궂게도 곤충이 죽을 때 발랑 뒤집어지게 해 놓기도 한다니……. 다시 말해서 숙주가 제 몸에 기생하는 기생충 놈한테 꼼짝달싹 못하고 그 녀석이 하라는 대로 한다는 말이다. 이리 가라면 이리, 저리 가라면 저리 가야 하고, 얌전한 숙주를 미친 듯 날뛰게 채근하며, 생활 습성까지도 바꾼다. 기생충이 숙주의 행동을 조종하는 것으로 이는 다 기생충이 살아남기 위한 방법이요, 수단이다. 이런 일이 수없이 많지만 여기선 연가시라는 만만찮은 녀석의 노림수를 살펴보기로 한다.

알에서 깨인 연가시의 애벌레가 곤충들의 유충인 수서 곤충水棲昆蟲의 몸을 파고 들어간다. 즉, 하루살이나 잠자리 유충인 학배기의 몸에 들어가 자라다가 숙주가 성충이 되어 뭍으로 올라가면 사마귀에게 함께 먹히는 것이다. 또는 유생이 꼬물꼬물 물가로 기어나가 근방의 풀잎에 딱 달라붙어 있다가 그것을 잔뜩 뜯어 먹은 메뚜기 같은 곤충의 창자에 들어가 곤충의 속살을 뜯어 먹으면서 점점 자라 성충이 된다. 이 곤충이 사마귀에게 잡아먹히면 결국 사마귀도 역시 이 기생충에 걸리게 되는 것이다. 가을철에 배불뚝이 사마귀를 잡아서 이모저모 들여다보고 있으면, 아니! 무슨 이런 일이 있담? 사마귀의 똥구멍에서 기다란 철사 같은 것이 꾸물꾸물 기어 나오고 있지 않는가? 어안이 벙벙하다. 이것이 뭐람? 맞다, 사마귀 배 속에서 놀란 연가시가 겁먹고 기어 나오는 것이다. 피라미 암컷을 잡아 붙들고 있노라면 부랴부랴 노란 알을 쏟아내는 것과 비슷하니, 모두 위기감과 종족 보존 본능에서 나온 행동이다.

어린이는 언제나 무서움을 모르는 강한 호기심을 가지고 있다. 그것이 바로 과학의 기본인 정복욕과 도전정신인 것. 여태 보지 못한 괴이한 동물을 보고 그냥 지나칠 우리가 아니지 않은가. 조무래기 친구들은 조심스럽게 물웅덩이로 살금살금 다가간다. 물론 손에는 꼬챙이가 하나씩 들려 있다. "연가시를 만지면 손가락이 잘린다."고 하여 손도 못 대고 근방에 서성거리면서 나뭇가지로 놈들을 괴롭힌다. 대담한 녀석은 그것을 치켜들어 또래들 얼굴에 갖다 대기도 하고, 심한 장난꾸러기 동무는 그것을 땅바닥에 놓고 돌로 콩콩 짓이기기도 한다. 얼마나 아플까? 그런데 묘하게도 연가시는 쉽게 잘라지지 않는다. 알고 보니 딱딱한 큐티클cuticle이라는 물질이 껍질의 주성분이라 그렇다. 지금 생각하면 그것을 맨손으로 만져 보지 못한 것이 천추의 한이다! 왜 우리 어른들은 노상 "하면 안 된다."라고 가르쳤을까? 아주 위험한 일이 아니면 "해 봐라.", "넌 할 수 있다."라고 가르치는 것이 천 번 만 번 옳다!

서양 미신에 연가시는 '말총말의 갈기나 꼬리의 털이 물에 떨어져 생긴 것'이라 하여 보통 'horsehair worm'이라 하는데, 우리는 굵다란 철사를 닮았다 하여 '연가시' 또는 '실뱀'이라고 부른다. 녀석들이 회충 따위의 선형동물線形動物, Nematode을 닮았기에 '닮을 유類' 자를 써서 유선형동물類線形動物, Nematomorpha이라 하며, 우리나라에는 몇 종이 있는지 확실하게 알려지지 않았지만 세계적으로 널리 분포하는 종이다. 다들 몸의 껍데기는 질깃한 큐티클이며, 길이로 쭉 뻗는 종주근만 있지 몸통을 움츠리게 하는 환상근은 없다. 성체는 시냇물 웅덩이에 서식하며, 보통 회갈색으로 지름 0.3~2.5밀리미터의 둥그런 몸통에 몸길이는 10~70센티미터로 아주 긴 편이다. 물속에서는 수컷이 암컷보다 더 활발하게 꼬물꼬물 움직이고, 짝짓기를 끝내면 암컷은 알을 긴 줄에 매달아 낳고는 산란 끝낸 연어처럼 그 자리에서 시름시름 한살이를 마감한다. 부럽다, 노추老醜도 없고 노욕老慾도 하나 없이 얼마나 깨끗한 죽음을 맞는가!

딴 이야기 같지만 같은 이야기이다. 어찌하여 어머니들이 아기를 가지면 어김없이 그 역겨운 입덧이 나는 것일까? 메스껍고 구역질 나는 오심구토惡心嘔吐, 임신 2주면 시작하여 12~16주 남짓 지나면 언제 그랬냐는 듯 감쪽같이 수그러들다가 사라져 버리는 입덧. 영어로는 'morning sickness'라 하는데 이른 아침이나 공복 때에 심하기에 붙은 이름일 뿐 아침에만 그런 것은 아니다. 물론 사람에 따라 그 정도가 천차만별이다. 이를 삼신할머니의 시기 질투라고 해야 하는가. 의학이 날고뛰어도 지금껏 그 까닭을 알지 못하고 있으니 말이다.

입덧은 태아를 보호하는 중요한 생리 현상이며 태반이 잘 발달하고 있다는 증거다. 그도 그럴 것이 임신 3~4개월까지는 태아의 기관 발생이 가장 활발한 시기다. 이럴 때 만일 임산부가 게걸스럽게 아무거나 마구 먹다 보면 음식에 묻어 있는 바이러스나 곰팡이, 세균, 농약, 중금속은 물론이고 기생충까지 들어와서 태아에 해를 끼칠 수 있어 기형아 출산, 조산, 유산의 위험이 부쩍 늘게 된다. 입덧이 심할수록 건강한 아기를 낳는다! 비로소 입덧의 의미를 깨닫게 되었구나!

엉뚱한 해석을 마뜩찮게 여기지 말 것이다. 놀랍게도 음식을 못 먹게 한 주인공이 바로 엄마 아기집 속의 나였다. 좀 매정하고 섬뜩한 느낌이 들지언정 '어머니는 숙주요, 태아는 기생충'이라는 등식이 성립된다. 짓궂게도 기생충이 숙주의 행동을 바꾸는 예가 바로 임부의 입덧이었다니! 허허, 어미의 건강은 아랑곳하지 않는 얄밉고 몰염치한 태아, 나! 입이 열 개라도 할 말이 없다. 이제 결론이다. 고통스런 입덧은 건강한 임신의 신호로써 유산 위험을 줄이고 기형아가 될 확률도 낮추며, 지능지수IQ가 높은 아이를 출산할 가능성을 높인다. 그래서 엄마는 그렇게 힘겨워도 이를 앙다물고 모질게 참는다. 없으면 질식하는 보이지 않는 산소 같은 우리 어머니의 사랑, 가없는 어머님 은혜!

7 마디마디 몸마디가 많은 환형동물

환형동물環形動物, annelid이란 '몸마디체절가 많은 동물'이라는 뜻이며, 'annelid'는 '고리ring'라는 뜻이다. 지렁이를 연상하면 금방 그 의미가 떠오른다. 이 환형동물을 크게 세 무리로 나누니, 몸에 난 센털강모, 剛毛이 짧고 적은 지렁이나 실지렁이는 빈모강貧毛綱, Oligochaeta, 강모가 아주 많은 갯지렁이 등은 다모강多毛綱, Polychaeta, 그리고 강모가 없는 거머리강水蛭綱, Hirudinea으로 분류한다. 그중에서 다모류는 환형동물 중 가장 많은 종이 있으며, 다모류의 일부가 육상으로 올라와 빈모류가 되고, 빈모류 중에서 담수로 들어간 것이 거머리류가 되었다고 한다. 이렇게 땅이나 민물, 바다에 사는 환형동물은 모두 합쳐 세계적으로 어림잡아 1만 2000종이나 된다. 민물에 사는 환형동물의 대부분은 거머리이고, 다모강은 하나도 없으며 빈모류에는 오직 실지렁이 1종이 있을 뿐이다.

대부분 붉은 혈색소인 헤모글로빈haemoglobin을 갖지만 어떤 무리는 헤메리드린haemerythrin이나 녹색을 띠는 클로로크루오린chlorocruorin 같은 호흡 색소呼吸色素를 갖는다. 쉽게 말해서 산소를 운반하는 피의 성질이 조금씩 다를 수 있다는 뜻이다.

◘ 빨간 피를 가진 실지렁이 *Tubifex tubifex*

환형동물문Annelida 지렁이강Clitellata 빈모목貧毛目, Oligochaeta 실지렁이과Tubificidae의 동물로 실같이 가느다란 것이 몸길이는 5~10센티미터이고 몸은 빨갛다. 하수도나 더러운 개천 바닥에 꺼림칙한 것이 엄청 많이 떼 지어 살며, 체절은 100~150개에 달한다. 무서울 정도로 더러운 물인데도 무리를 지어 씩씩하게 살기에 서양 사람들은 실지렁이를 'sludge worm' 또는 'sewage worm'이라 부르니, 여기서 'sludge'나 'sewage'는 하수 처리 또는 정수 과정에서 생긴 침전물, 즉 오니汚泥나 오물汚物을 의미한다. 딴에는 냄새나는 시궁창이나 수렁, 구정물이 졸졸 흐르는 빨래터 아래 같은 곳에 몸의 앞쪽 반은 흙 속에 묻고 뒤쪽 반인 꼬리 부위는 물 위로 내민 채 뒤집어진 형태로 버티고 산다. 그런데 신기하게도 산소와 결합력이 아주 강한 헤모글로빈이 든 빨간 꼬리를 쉼 없이 흔들어댐으로써 산소와의 접촉을 늘려 산소가 모자라는 오염된 물에서도 살 수 있다. 그렇게 피부를 통해 산소와 이산화탄소의 교환을 하는 것이다. 그놈들을 볼 때마다 왜 저리도 붉으며 어째 저리도 서로 잔뜩 부대끼면서 일렁거리나 했더니만 그런 웅숭깊은 뜻이 있었다니 기가 찰 노릇이다! 결코 낮잡아 보고 하대할 하찮은 실지렁이가 아니로다!

실지렁이도 물의 더러움을 알려주는 지표 생물이다. 덧붙여서, 사실 헤모글로빈보다 더 산소와 잘 결합하는 것이 있으니 포유류의 근육에 있는 미오글로빈myoglobin이라는 것으로, 쇠고기를 물에 담가 새빨간 핏물을 빼낸 후에도 남아 있는 붉은색이 바로 그것이다. 근육의 운동에 얼마나 산소가 필요한가를 엿볼 수 있는 대목이다.

산소가 적은 곳에 살기 때문에 실지렁이의 핏속에 산소 결합력이 강한 헤모글로빈이 들게 된 사연은 그냥 넘길 수 없는 놀라운 생물학적 사실이다. 참 멋있는 진화를 한 것으로 생물의 신비로운 적응이라 하겠다. 바다 깊은 곳에도 산소가 부족하다. 그래서 서해안에서 채집하는 피조개의 피도 붉다. 그랬구나! 웬 조개에 핏물이 도는가 했지. 이것들과 비슷한 무리이지만 물이 맑은 곳에 사는 친구들은 헤모시아닌hemocyanin, 에리

드로크루오린, 클로로크루오린, 헤메리드린 같은 호흡 색소를 지니는데 산소가 부족한 곳에 살게 된 이들은 남다른 헤모글로빈을 갖게 되었다는 것. 이들을 비롯해 오염된 냇물에서도 아랑곳하지 않고 사는 배꼽또아리물달팽이 *Segmentina hemisphaerula* 따위들도 헤모글로빈을 가진다. 생물들은 어느 것이나 환경이 자기를 못살게 굴면 항복하지 않고 반발한다. 즉, 자꾸 변한다. 흔히 무상無常이란 나고 죽으며, 흥하고 망하는 것이 덧없다거나 모든 것이 늘 변한다는 것을 일컫는 말인데, 말 그대로 변하지 않으면 죽음과 다름없는 것. 앞에서 온갖 무생물도 변한다고 하지 않았던가. 어제의 나와 오늘의 나, 오늘의 나와 내일의 나는 새삼 같은 내가 아니라야 한다!

실지렁이는 다른 동물들이 감히 견딜 수 없고 접근하기조차 꺼리는 이런 곳에서 바닥의 침전물을 먹어 그 속에 들어 있는 세균, 썩어가는 유기물, 식물 찌꺼기들을 가득 삼켜 소화, 흡수한다. 먹을 것은 무진장인데 숨 쉬기가 이렇게 힘드는구려! 각 체절의 등과 배에 센털 다발이 있으며 물이 없어지거나 먹을 것이 동나면 몸 밖에 두꺼운 피막皮膜을 만들고 물질 대사를 줄여 고된 어려움을 견뎌 낸다.

실지렁이는 암수한몸이지만 몸속 정소와 난소의 성숙 시기에 차이가 있어 역시나 자가 수정이 일어나는 것을 피한다. 배

쪽에 아주 작은 생식 기관이 있어 성숙한 두 마리가 서로 거꾸로 배를 꽉 맞붙이고 음경 털을 상대방에게 집어넣어 서로 정자를 교환한다. 그러고 나서는 환대에서 형성된 고치 주머니에 알과 정자를 집어넣고 주머니 끝을 오므려 몸 밖으로 떨어뜨린다. 동그란 고치 주머니 속에서 서너 개의 수정란이 발생하여 보통 2~3주 후에 고만고만한 새끼 실지렁이가 연일 부화하여 나온다. 물론 수온이 주로 부화 기간을 결정하니 따뜻할수록 빨리 알을 깨는 것이 상례이다. 절친한 사촌 간인 땅에 사는 지렁이의 발생과 크게 다르지 않다.

금붕어나 열대어의 먹이로 쓰기 위해 실지렁이를 애써 일부러 키운다. 실지렁이를 대량으로 사육하는 것은 그리 어렵지 않다. 큰 그릇 바닥에 연못의 진흙 밑거름을 두껍게 깔고, 그 위에 반쯤 썩은 풀잎 나부랭이나 빵, 쌀, 보리, 겨 따위를 펴 준 후 천천히 미지근한 물을 흘려보낸다. 거기에 잡아온 실지렁이를 꼭꼭 심어 두면 잠깐 동안에 뒤엉키면서 훌쩍 자란다. 한가득 자라면 일부 덩어리를 진흙째 꽃삽으로 떠서 물이 흐르지 않는 물통에 넣어 둔다. 그러면 산소가 부족하여 물 위로 떠오르니 그때 떠 내서 물로 깨끗이 씻은 뒤 흐르는 물에 좀 더 두면 입과 창자에 든 진흙을 제풀에 다 토하게 된다. 그렇게 해서 산 채로 열대어 등 물고기 먹이로 주기도 하고 말려 쓰기도 한다. 그 더

러운 데 살아도 살 하나는 깨끗하기 짝이 없으니 진흙에서 자라
는 연꽃과 별로 다르지 않구나!

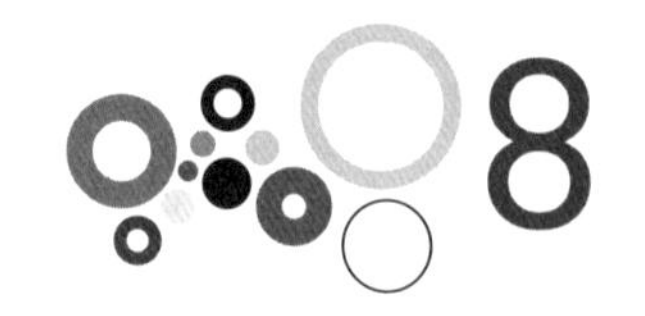

몸이 부드러운 연체동물

연체동물軟體動物, mollusca은 말 그대로 '몸이 부들부들한 동물' 이라는 뜻이다. 민물에 사는 연체동물에는 고둥 무리인 복족류腹足類와 껍데기가 두 장인 이매패二枚貝 즉, 부족류斧足類가 전부이고 나머지 다판류多板類인 군부, 굴족류掘足類인 뿔조개, 두족류頭足類인 오징어 무리들은 전연 살지 않는다. 그것들은 죄다 바다에 산다. 물에 사는 것은 하나같이 아가미로 호흡하지만 땅에 사는 복족류인 달팽이 무리육산패, 陸産貝는 공기 중의 산소를 얻어야 하기에 마땅히 외투막이 변한 허파로 호흡을 한다.

1) 배가 발인 복족류

돌돌 나선형으로 말린 껍데기패각, 貝殼를 갖는 것들을 흔히

고둥이나 고동이라 부르는데 '배腹쪽에서 큰 발足' 이 나와 그것으로 움직인다 하여 '복족류' 라 한다. 지구 상에서 종 수가 가장 많은 동물은 곤충을 포함하는 절지동물인데, 두 번째가 연체동물이고, 그중 복족류가 가장 풍부하고 다양하다. 우리나라의 강이나 호수 등 민물에 나는 복족강腹足綱, Gastropoda에는 갈고둥과Neritidae의 기수갈고둥 1종, 논우렁이과Viviparidae의 논우렁이와 큰논우렁이 2종, 쇠우렁이과Bithyniidae의 쇠우렁이와 염주쇠우렁이 2종, 다슬기과Pleuroceridae의 다슬기, 곳체다슬기, 주름다슬기, 좀주름다슬기, 참다슬기, 염주알다슬기, 구슬알다슬기, 주머니알다슬기 등 8종, 물달팽이과Lymnaeidae의 물달팽이, 애기물달팽이, 긴애기물달팽이 등 3종, 왼돌이물달팽이과Physidae의 왼돌이물달팽이 1종, 또아리물달팽이과Planorbidae의 또아리물달팽이와 수정또아리물달팽이, 배꼽또아리물달팽이 등 3종, 민물삿갓조개과Ancylidae의 민물삿갓조개 1종이 있다. 껍데기가 2장인 부족류는 다음 이야기에 이어지겠고, 복족류만 보아서는 다슬기 무리가 여덟 종으로 제일 많다. 하여, 연체동물 중에서 다슬기를 깍듯이 한국 강물의 주인공, 즉 우점종으로 모시렷다! 위의 복족류 목록을 좀 더 자세히 살펴보자.

◘ 오직 한 종뿐인 기수갈고둥 *Clithon retropictus*

기수갈고둥은 우리나라에 오직 1종만이 민물과 바닷물이 섞이는 기수 지역에 살며, 높이각고, 殼高와 너비각경, 殼徑가 모두 14밀리미터씩으로 구형球形에 가깝다. 남해안에 주로 서식한다. 기수에 사는 몇 안 되는 연체동물 중 하나로 껍데기가 두꺼운 편이고, 입각구, 殼口은 석회질성의 뚜껑으로 덮여 있다.

◘ 새끼를 낳는 논우렁이 *Cipangopaludina chinensis*

논우렁이와 큰논우렁이*C. japonica*는 논우렁이과에 속한다. 속명 '*Cipangopaludina*'에서 'Cipango'는 '일본'을, 'paludina'는 '우렁이'를 뜻하고, 종명인 'chinensis'는 '중국'을 의미하며, 다른 학명에서는 'sinensis'라고도 쓰는데 '지나支那'는 'China'라는 뜻이다. 높이 58밀리미터, 너비 29밀리미터 크기로 논, 강, 호수 등지에 살며 껍데기는 검거나 황갈색이다. 체층體層, 제일 아래층이 전체 나층螺層, 나선 모양으로 감겨져 있는 한 층의 5분의 4를 차지하고, 성장맥成長脈이 뚜렷하며, 꼭대기각정, 殼頂가 닳아 없어지는 수가 많다. 입은 난형으로 반들거리는 케라틴keratin성 뚜껑이 덮는다.

본인의 책 『달과 팽이』에 실린 논우렁이에 대한 이야기를 간략히 살펴보자.

우렁이는 자기의 살을 낱낱이 한 점 남김없이 새끼들에게 먹이로 주고, 자기는 혈혈단신 외톨이 빈껍데기가 되어 굽이굽이 물에 떠내려간다. 그리고 살모사殺母蛇는 말 그대로 어미 배를 뚫고 나와 '어미를 죽이는 뱀'이라고들 한다. 정녕 이 둘이 모두 사실일까? 둘 다 자연의 섭리에 어긋나기에 두말할 필요 없이 틀린 것이다. 논우렁이나 살모사 모두 어미 몸 안에서 수정란이 자라 어린 새끼가 되어 나오기에 어미 생명을 앗아갔을 것이라고 지레짐작한 탓이다. 무슨 전생에 앙갚음할 일이 있다고 어미를 죽이면서 나오는 생물이 있을까. 절대로 그럴 리가 없다.

논우렁이는 논은 물론이고 강, 늪지, 연못, 호수 등 아무 데나 잘 사는 축에 드는 연체동물의 복족류다. 논고둥은 암컷과 수컷이 따로 있는 암수딴몸이며, 겉껍데기만 보고는 암수를 구별 못한다. 그러나 우렁이끼리는 힘을 쏟지 않고도 쉽사리 암수가 짝을 알아낸다. 그래야 배우자를 찾는 시간과 에너지를 줄일 수 있는 것. 잘 살펴보면 우리도 암컷과 수컷을 구별할 수가 있다. 수조에서 논우렁이를 키우면서 보면 더듬이를 쭉 뻗은 상태에서 암컷은 두 더듬이가 모두 곧게 뻗어 있는데 반해 수컷의 더듬이는 둘이 짝을 이루지 못하고 오른쪽 더듬이가 아주 작고 끝이 살짝 고부라져 있다.

논우렁이 암컷 한 마리가 보통 30~40여 개의 어린 새끼를 지니고 있고, 그것이 태어나 1년이면 벌써 성패成貝가 되어 알새끼을

밴다. 논우렁이를 잡아 껍데기를 깨 보면 커다란 자궁 주머니 안에 꼬마 논우렁이가 넘쳐 난다. 이놈들이 커서 어미를 잡아먹는다고 했던 것이다. 미련하고 못난 이도 모두 제 요량이 있고 한 가지 재주는 다 가지고 있으니 이런 때 "우렁이도 두렁 넘을 꾀가 있다."고 하고, 속으로 파고들면서 굽이굽이 돌아 헤아리기 어렵거나 의뭉스런 마음씨를 비유하여 "우렁이 속 같다."고 한다.

재래시장이나 수협, 마트를 가 보면 우렁이를 사고판다. 어디서 저렇게 많이도 나올까 싶을 정도로 고개가 갸우뚱해진다. 그 일부는 물론 연못이나 호수, 습지 등 자연 상태에서 잡은 것도 있겠지만 거의가 사육 우렁이다. 그것도 우리 것이 아닌 외국에서 들여와 사료를 먹여 키운 '섬사과우렁이*Pomacea insularus*'로, 원산지는 남아메리카인데 타이완, 일본을 거쳐 우리나라에 들여온 것이다. 우리 본토박이 논우렁이와 맛이 비슷하니 그냥 사다 된장찌개에 넣어 먹는다. 무논에 뿌려 두면 논의 잡초를 알뜰살뜰 먹어치우는 이놈들을 제초제 대신으로 쓰니 이게 바로 요새 유행하는 '우렁이 영농법'이다. 덕택에 사람 몸에 나쁘다는 제초제를 논에 뿌리지 않아서 좋다. 저 남쪽에서는 녀석들의 일부가 겨울에 죽지 않고 월동을 한다고 하니 두고 볼 일이다.

재래종 논우렁이 요리도 다양한데, 된장국에 한 움큼 집어넣어 끓여 먹을뿐더러 삶아서 초장에 찍어 먹기도 하고, 버터에 고루

고루 섞어 지지고 볶아 먹기도 하니 인기가 좋다. 비릿하지도 않고 졸깃졸깃 씹히는 것이 감칠맛이 난다. 옛날 어릴 적, 가뜩이나 단백질이 부족해서 안달 났던 그 시절의 푸짐한 맛을 지금은 상상으로만 느낄 뿐. 논우렁이는 메뚜기, 미꾸라지와 함께 가을의 귀중한 특선 요리가 아니었던가. 그러나 요새는 겨울 마른 논에서 잡았던 논우렁이를 코빼기도 볼 수 없다. 순전히 제초제와 농약 탓이다.

◘ 간흡충의 중간 숙주인 쇠우렁이 *Parafossarulus manchuricus*

쇠우렁이와 염주쇠우렁이*Gabbia misella* 두 종은 쇠우렁이과에 속하며 무엇보다 간흡충肝吸蟲의 중간 숙주中間宿主라는 점에서 주목받는 종이다. 폐흡충肺吸蟲의 경우 다슬기가 제1중간 숙주이고 민물의 갑각류인 새우, 가재, 게 들이 제2중간 숙주라면 간흡충은 쇠우렁이가 제1중간 숙주, 민물고기가 제2중간 숙주이다. 과거 해열제가 없는 때에 홍역에 걸리면 찜찜하지만 민물새우나 가재를 날로 찧어 먹였고, 지지리 못 먹었던 사람들이 거방지게 회를 즐겼으니 폐흡충과 간흡충에 끔찍이도 자주 걸렸다. 여기서 하나 특이한 것은 제1중간 숙주를 익히지 않고 날것으로 먹었을 때는 감염되지 않지만 제2중간 숙주를 섣불리 날것으로 먹으면 판판이 걸린다는 것. 갑자기 생각나는 일이 있다. 한때 '기생충 천국' 소리를 들었던 우리나라 아닌가. 영어로 된 기생충학

책 속의 "기생충을 연구하고 싶으면 한국으로 가라."는 자리에 빨간 밑줄을 그어 놨으니 아마 그 책이 아직도 서울대 도서관 한 귀퉁이에 한 자리를 차지하고 있을 터다.

쇠우렁이의 껍질각피, 殼皮은 회백색 또는 황갈색이고, 높이 12.5밀리미터, 너비 7밀리미터의 작은 방추형으로 나탑은 그리 높지 않은 편이다. 나층이 3~4층이며 꼭대기는 보통 닳아 있다. 봉합縫合, 나층과 나층의 경계선은 깊고, 껍데기 표면에 2~3개의 나륵螺肋, 각 층에 생기는 가로 주름이 있으며 석회질이 들러붙어 있어 두껍고 거칠게 치장하고 있다. 작아도 다부지게 생긴 녀석의 입을 막는 뚜껑은 석회질로 난형이고, 가운데가 안쪽으로 움푹 패여 있다. 연못, 개울, 늪 등 펄이 많고 물풀이 많은 곳에 산다.

염주쇠우렁이 역시 펄이 있고 수초가 많은 늪지대에 살며, 높이 9밀리미터, 너비 7밀리미터로 쇠우렁이보다 작다. 껍데기는 얇고 매끈하다. 나층은 3층으로 쇠우렁이보다 낮고, 전체적으로 둥근 꼴을 하기에 '염주'라는 말이 붙었다. 이름에 붙은 '쇠'라는 말은 '쇠기러기', '쇠비름' 등으로 쓰이듯 '작다', '소소하다'는 뜻이며, 다른 말로 '왜우렁이'라 부르니 '왜矮' 역시 작다는 뜻이다. 둘 다 전국적으로 분포하며 우리나라 말고도 일본, 중국 북부, 만주 등지에 분포한다. 논우렁이의 종명인 'manchuricus'는 만주滿洲를 의미하며, 만주에서 잡아 신종新種

으로 기재記載했던 것임을 알 수 있다.

간흡충은 예전에 간디스토마라 불렀는데, 디스토마distoma란 2라는 뜻의 'di'와 입, 빨판이라는 뜻의 'stoma'가 합쳐져 빨판이 둘이라는 뜻이다. 이것들은 간肝 바로 아래, 간의 담관쓸개관들이 다 모이는 총담관에 기생하면서 헤살을 부린다. 그곳에서 간흡충이 낳은 알은 담즙과 함께 담관을 지나 십이지장으로 내려와 대변에 묻어 바깥으로 나간다. 강물에 흘러든 알은 쇠우렁이나 염주쇠우렁이가 먹고, 그들 몸속에서 순서대로 미라시디움miracidium, 스포로시스트sporocyst, 레디아redia, 세르카리아cercaria로 바뀌며, 쇠우렁이에서 나간 세르카리아는 물고기를 찾아가 근육을 파고들어가 메타세르카리아metacercaria가 되어 들어앉는다. 그것에 감염된 빙어, 피라미, 꺽지를 회로 먹으면, 위胃에서 민물고기 살은 소화되어 녹아 버리고 메타세르카리아는 소장으로 내려가서 십이지장에 나 있는 C자 모양의 구멍을 뚫고 들어가 담관을 타고 간 쪽으로 거슬러 올라가니 기생충들은 하나같이 복잡하고 괴이한 한살이를 한다. 거기가 바로 자기가 태어난 곳이요, 어미가 살던 곳이 아닌가. 어찌하여 메타세르카리아가 음식물에 섞여 십이지장 아래로 바로 내려가지 않고 엉뚱하게 방향을 틀어 태어난 곳으로 올라가느냐는 것이다. '길을 두고 뫼로 가는' 꼴이지만 참 묘하게도 연어의 모천회귀를 빼닮았다! 당연한 이야기 같지만 한낱 기생충도 갈팡질팡 어긋나지 않고 쪼르르 고향을 찾아가더라는 것! 정말이지 수구초심首丘初心이 따로 없다. 간디스토마도 고향 그리운 줄을 알더라! 필자도 인생을 접을 때가 머리맡에 왔으니 이제 낙향落鄕할 때가 된 듯.

간흡충 성충의 크기는 길이 10~25밀리미터, 너비 3~4밀리미터나 되며, 사람 몸속에서 보통 3~4년 정도 살지만 길게는 오래오래 20~30년까지 버티기도 한다. 한국, 중국, 베트남 등 동양에서 많이 발생하는 질병으로 담관의 성충 탓에 소화불량, 설사 등이 나타날 수 있고, 담관이 막혀 쓸개즙이 배출되지 못하면 황달이 생기며, 2차적인 세균 감염으로 담관염이 생기는 등 여러 곳에 불똥이 튄다. 하물며 급성 담관염은 속히 치료하지 않으면 생명을 잃는 수가 있고, 담관이 대부분 막히면서 적잖이 간경화가 올 수 있으며, 담관암이 생길 수도 있다. 민물고기를 익히지 않고 먹으면 덜컥 큰 탈 난다는 뜻. 거듭 말하거니와 쇠우렁이들이 사는 곳의 민물고기는 인생 잡치는 몹쓸 비상砒霜과 다름없다. 요즘은 어떤지 모르지만 지난날에는 낙동강 유역 사람들이 풍토병風土病이라고도 불렀던 간흡충에 터무니없이 많이도 걸렸었는데…….

◘ 다슬기 중의 다슬기, 곳체다슬기 *Semisulcospira gottschei*

다슬기 8종의 '우리말 이름국명'을 보면 5종은 '다슬기' 또는 '-다슬기'라는 이름이 붙었고 나머지 3종은 '-알다슬기'가 붙은 것을 볼 수 있다. 속명이 앞의 것은 'Semisulcospira'이고 뒤의 것들은 'Koreanomelania'이다. 앞의 것이 물이 천천히 흐르는 곳에 산다면 뒤의 3종은 물살이 빠른 여울에 살며, 앞의 것들이 대체로 길쭉하다면 뒤의 것들은 어김없이 염주나 구슬처럼 둥글다. 둥글어야 물의 저항을 줄여서 물살에 떠내려가지 않는다. 또 하나의 큰 차이는 앞의 5종은 암컷 몸속에서 수정란이 발생하여 태어날 때 이미 껍데기를 뒤집어 쓴 어린 새끼가 되어 나오는 난태생卵胎生인 데 반해 뒤의 것들은 알을 낳는 난생卵生이라는 것이다.

이들을 대표하여 우리나라에서 가장 널리 흔하게 살고 있는 곳체다슬기의 특징을 알아보자. 연체동물문 복족강 중복족목中腹足目, Mesogastyopoda 다슬기과Pleuroceridae의 민물고둥인 이것들은 약간 흐린 물에도 잘 살며, 높이 35밀리미터, 너비 13밀리미터 정도로 다슬기 중에서 제일 크고 길쭉한 모양을 한다. 우둘투둘한 과립상의 돌기가 몸 전체에 가득 나 있는 껍데기는 대체로 검은색이다. 나층은 6층이고 각 나층의 위쪽에 나륵이 한 줄씩 나 있으며, 겉으로 보아서는 암수 구별이 되지 않는다. 껍질을 깨 보아서 안에 어린 새끼 다슬기가 들어 있으면 그것이 암컷이다. 입은 긴 달걀 모양이며 꼭대기 부분은 침식된 것이 많다. 앞에서 말한 것처럼 난태생하며, 많을 때는 모체 내에 700여 마리의 새끼가 들어 있다.

'다슬기'는 표준이 되는 우리말 이름이고, 지방마다 부르는 이름이 다 다르다. 우선 다슬기국을 춘천에서는 '달팽이해장국'이라 부르고, 충청도 등지에서는 '올갱이해장국'으로 부르지 않는가. 올갱이는 '올챙이'를 닮았다고 해서 붙은 이름이라고 한다. 여기에 방언을 아는 대로 죄다 써 본다. 그래서 표준이 되는 우리말 이름인 국명이 있어야 하는구나, 하고 느끼게 될 것이다. 소래고동, 갈고동, 민물고동, 고딩이, 대사리, 물비틀이, 달팽이, 소라, 배드리, 물골뱅이, 다슬기……. 다슬기라는 국명이 없었다면 이 고을 사람과 저 지역 사람이 서로 말이 통하지 않을 뻔했다. 그리고 만일 '*Semisulcospira gottschei*'라는 학명이 없었다면 이 나라 사람과 저 국가 사람이 서로 소통하지 못할 뻔했구나!

필자도 어릴 때 소래고동을 수없이 많이 잡았다. 소래고동은 경상남도 산청 우리 마을에서 놈들을 부르는 말이다. 녀석들은 볕을 꺼리는 탓에 훼방꾼 햇살이 쨍쨍 쬐면 돌 밑으로 슬금슬금 숨어 버린다. 그럴 때는 돌을 일일이 들추어서 놈들을 잡아야 한다. 찌뿌듯 구름 낀 흐린 날에는 돌 밖으로 까맣게 기어 나오니 한 톨 한 톨 도토리 줍듯 한다. 그런데 녀석들은 귀가 밝아서 발소리 진동을 듣고 무당벌레가 잎사귀에서 바닥으로 또르르 굴러 버리듯 바윗돌에서 기우뚱, 스르르 떨어져 누워 버린다. 시샘이나 하듯 바람이 부는 날에는 물살 때문에 강바닥을 꿰뚫어 볼 수 없다. 여기에 새로 개발한 신무기(?)가 있으니 우리 어릴 때는 없었던 것으로, 둥그런 플라스틱 테 안에 맑은 유리를 박은 것이다. 그것을 강물 위에 살짝 올려 놓으면 물결에 상관없이 바닥이 환히 비쳐 보이니 보이는 족족 싹쓸이할 수 있다. 이렇게 바람 부는 날에도 다슬기를 잡아 낸다!? 이런 기발한 생각을 누가 했단 말인가. 필자의 유년 시절에 이 무기만 있었더라면 내 키가 조금은 더 컸을 터인데……. 머리를 좀 썼으면 달라졌을 것을 헛되이 살았나 보다. 영원히 살 것처럼 배우고 내일 죽을 것처럼 기운차게 살라 하였는데 말이지.

내가 사는 춘천의 중앙시장 큰길가에서는 한 아주머니가 늘 다슬기를 판다. 어디서 구해 오는지 연중 팔고 있다. "우렁이는 까먹으나 안 까먹으나 한 바구니다."라 한다. 다슬기가 값이 나가다 보니 약삭빠르게 눈을 중국으로 돌렸다. 우리 먹을거리의 태반이, 아니 그 이상이 중국에서 온다고 하지. 어디 그 뿐인가. 중국 붕어를 얼려 들여와 낚시터에 풀어 놓는 일은 이미 오래되었다고 한다. 영산강 하류, 하동河東 근방에 나는 재첩이 고가로 팔리기에 간혹 엉터리 중국산을 섞는다고 들었다. 필자처럼 좀 아는 사람에게 걸리면 들통 나는 줄도 모르고. 이들 외래종이 간간이 우리나라 것들과 교배하여 거기서 잡종이 생겨나는 것이 문제지만 어쩔 수 없는 일이다. 끼리끼리 좋아서 생겨나는 것을 어쩌겠는가. 울타리가 없는 세상이니. 생물들에겐 국경이 없으니 어딘가로 가서 환경 조건만 맞으면 거기 눌러앉아 마냥 살아간다. 우리나라에는 다슬기가 8종이 산다고 했다. 가는 곳마다 어쩌면 그렇게 색깔, 모양, 크기가 다 다른지. 같은 종이지만 살고 있는 환경에 따라 조금씩 달라지는 것을 '개체 변이個體變異'라 한다. 우리나라 사람들이 외국에 나가서 오래오래 살다 보면 그곳 사람들과 조금씩 닮아 가는 것과 다르지 않다.

물 오른 다슬기를 시장에서 좀 사 왔다. '봄 조개, 가을 낙지'라 했던가. 대야 같은 커다란 그릇에 다슬기를 쏟아붓고 물을 조금 받아 부어 두면 꾸물꾸물 발을 뻗어 비좁은 사이를 뒤척거리며 헤집고 나온다. 웅성웅성 구시렁거리면서 서로 먼저 나가려고 갖은 애를 쓴다. 탈출을 시도하지만 이제 독 안의 쥐꼴이 되었으니……. 그렇게 반나절이나 하룻밤을 재워 해감을 한다. 다슬기는 먹은 것을 토하기도 하고 똥을 제때 싸서 속을 비우기도 한다. 이제 함지박 같은 데 들이부어 온 힘을 다해서 사정없이 싹싹 문질러 씻는다. 놈들은 화들짝 놀라 목을 몸속에 집어넣고 입을 꽉 다물어 버린다. 입구를 갈색의 동그란 딱지로 꽉 틀어막고 있지 않는가. 흔히 '눈'이라고 부르는 그것 말이다. 껍질끼리 맞닿으면서 내는 싹싹, 싸그락거리는 마찰음이 그리 기분 좋게 들리지는 않는다. 이제 됐다 싶으면 여러 번 구정물을 헹구어 버리니 해감은 물론이고 심지어 껍질에 붙은 찌든 이끼까지도 깨끗이 없어진다.

그러고 한참 동안 물이 내리게 소쿠리에 담아 둔다. 녀석들은 짬만 나면 빠끔히 목을 빼고 꼼지락거리며 비좁은 틈 사이를 빠져 나오려 든다. 제가 살던 강으로 달려가고 싶은 게지! 옆자리 솥에는 물이 펄펄 끓고 있는 것을 꿈에도 모르는 다슬기들! 끝끝내 내일 일도 모르고 천 년이나 살 줄 알고 설쳐대는 내 꼬락서니와 별로 다를 게 없구나! 소쿠리를 가만히 들어서 부글부글 끓는 물에 날래게 확 쏟아붓는다. 아, 뜨거워라! 짐짓 모른 체 하지만 목불인견目不忍見, 눈 뜨고는 차마 볼 수 없다. 모질다는 다슬기들도 아비규환阿鼻叫喚, 진저리나게 울부짖고 몸부림친다. 인간이 어쩌면 이렇게 그악하단 말인가. 어차피 죽을 몸, 발을 벌린 채 죽여야 속살 뽑아내기가 쉽기에 그런다. 푹 삶아 새파랗게 우러난 국물은 따로 따라 두고, 껍질을 식혀서 알을 까기 시작한다.

먹는 방법도 가지가지로다. 자그마한 것은 통째로 아작아작 깨물어 바스러뜨려 먹어 버리지만 좀 큰 것은 끝을 이로 깨물어 부수고 반대쪽 입에다 입을 대고 세게 쪽쪽 빨면 알이 쏙 빠져나와 목구멍을 툭 때린다. 그리고 보통은 빼죽이 나온 앞머리에 굵은 바늘 끝을 콕 찔러서 살점을 뽑아낸다. 어릴 적 시골에서는 바늘 대신 탱자나무 가시를 썼다. 오른손에 가시를 틀어쥐고 왼손에 다슬기를 잡는다. 가시는 다슬기 목에 콕 찔러 둔 채 껍질만을 오른쪽, 즉 밖으로 틀어 버리면 자동으로 내장까지 쑤욱 빠져 나온다. 이런 솜씨를 익숙하게 부리려면 훈련에 꽤나 긴 시간이 걸린다. 세상에 어디 호락호락 거저 되고 쉬운 게 있던가. 집사람은 TV를 보면서도 능숙한 솜씨를 보인다! 그렇게 뽑아낸 살을 모아 우거지를 넣고 된장도 풀어 뭉근히 끓이니 그것이 간肝에 이로워 고주망태 된 뒷날 해장에 좋다는 다슬기해장국이다. 시원한 국물 한 그릇을 먹고 나면 이마에 땀이 송골송골 나는 것이다. 달콤 쌉싸래한 다슬기를 먹었을 때 입에 씹히는 모래 같은 것은 다름 아닌 암컷 다슬기가 품고 있던 어린 새끼이다. 먹고 난 그릇 바닥의 까뭇까뭇한 그것 또한 난태생하는 앳된 새끼들이렷다.

◘ 눈이 더듬이 아래에 붙는 물달팽이 *Radix auricularia*

이들 무리는 모두 아가미로 숨 쉬지 않고 공기 호흡을 하기에 물에 들어가 있다가도 꾸준히 물 위로 올라와 숨구멍을 열고 숨을 쉰다. 물달팽이는 복족강 기안목基眼目, Basommatophora 물달팽이과Lymnaeide의 민물고동으로 높이 23밀리미터, 너비 13밀리미터이며 터무니없이 얇아 깨지기 쉬운 반투명한 껍데기에는 흑점이 여기저기 흩어져 있다. 이놈들은 입이 아주 넓고 둥그스름하면서 체층이 몸의 거의 전부를 차지한다. 잠잠한 강이나 연못, 호수에 사는데 빨래터같이 물이 그리 깨끗하지 않은 곳에서도 고까워 않고 산다. 조용한 물 표면에 발을 넓적하게 벌려 벌렁 뒤집어진 채로 둥둥 떠서 찬찬히 옆으로 움직여 가는 것을 눈에 설지 않게 자주 본다. 물달팽이같이 바늘귀보다 작고 까만 눈이 더듬이 아래에 자리 잡고 있는 무리를 '기안基眼'이라 하고, 땅에 사는 달팽이같이 더듬이 끝에 눈이 붙은 무리를 '병안柄眼'이라 한다. 눈이 어디에 붙는가도 분류를 하는 데 중요한 요소가 된다.

물달팽이는 연못 생태계에서 아주 중요한 몫을 한다. 돌이나 진흙에 묻은 조류를 핥아먹고 살면서 백로나 왜가리 따위의 먹이가 된다. 생태계 먹이 사슬의 한 부분을 차지한다는 점에서 세상에 소중하지 않는 생물이 하나도 없다! 물달팽이는 암수한

몸이고 난생하는데, 알이 잔뜩 든 한천질의 주머니를 수초나 땅바닥에 붙인다. 4~5월에 물이 미지근해지기 시작하면 여기저기서 알 덩어리를 볼 수 있고, 수조에 키우면서 발생 실험 재료로도 널리 쓴다.

봄이 와 날씨가 풀리고 먹을 것이 많아지면 물과 뭍을 가리지 않고 여느 생물이나 죄다 자손 퍼뜨리기에 마음과 힘을 다 쏟는다. 죽어 남기고 가는 것은 오직 '유전 인자'뿐임을 저 생물들은 다 알고 있는데 왜 우리나라 사람들은 자식 낳기를 꺼려하는 것일까. 산아 제한을 하는 동물은 이 세상에 딱 하나가 있더라! 이런저런 생물 다큐멘터리를 봐도 온통 넓은 터 차지하여 알토란 같은 살붙이를 더 많이 남기려고 줄곧 그 야단을 치지 않던가. 자식이 먹이 사냥꾼이요, 살림 밑천이던 때가 얼마 전이었는데……. 우리나라 인구 동태가 심상치 않다고 하니 부디 아기 셋씩은 낳자구나. 태어나면서 먹을 것 가지고 나오고 제 밥값은 다 하는 것이니 말이다.

◘ 껍데기가 왼쪽으로 꼬인 왼돌이물달팽이 *Physa acuta*

왼돌이물달팽이는 물달팽이와 같은 기안목이며, 왼돌이달팽이과Physidae에 속한다. 특징적인 것은 왼돌이왼쪽으로 꼬임, 즉 좌권左券으로 입이 왼쪽으로 열린다. 다시 말해 꼭대기에서 아래

입쪽으로 내려다보면 시계 반대 방향으로 나층이 꼬여 내려가며, 꼭대기가 위로, 입이 아래로 오게 껍데기를 바로 세워 놓고 옆에서 보면 왼쪽에 입이 있게 된다. 바다에 나는 복족류나 육산陸産 달팽이 무리에 그런 것이 몇 종 있지만, 민물에서는 이 종이 유일한 좌권패이다. 좌권이 사람에서 왼손잡이라면 대부분의 것들은 오른손잡이로 입이 오른쪽에 열리는 '오른돌이', 즉 우권右券이다.

물달팽이에 비하면 작은 편으로 높이 12밀리미터, 너비 7밀리미터 정도이며, 껍질은 광택이 나고 옅은 황백색이다. 나층은 4층이고 체층은 커서 전체 높이의 5분의 4정도이다. 물달팽이와 마찬가지로 한천질의 주머니 속에 알을 낳는다. 논이나 수로, 강의 수초, 유원지의 물에 붙어 살며 엄청나게 오염된 물에서도 서슴지 않고 사는 것이 특징으로 마땅히 오염의 지표생물이 된다. 유럽, 북미, 중남미, 서아프리카 등지에 산다. 아마도 옛날에는 우리나라에 없었고 근래 와서 유입되지 않았나 싶다.

◘ 똬리 꼴의 수정또아리물달팽이 *Hippeutis cantori*

수정또아리물달팽이는 또아리물달팽이과Planorbidae에 들고, 높이 2밀리미터, 너비 10밀리미터 정도이며, 또아리물달팽이 무리 중에서 제일 크다. 껍데기 중에서 제일 먼저 생긴 태각胎殼,

껍질의 정수리 부위의 한가운데는 쏙 들어가 눌려져 있고, 껍질이 연거푸 뱅글뱅글 틀리면서 점점 자라며 불어난다. 논이나 연못, 강 등 맑지 못한 물인데도 너끈히 사는 이 녀석들은 몸이 아주 납작하여서 똬리 꼴을 하고 있다. 똬리는 물동이나 짐을 일 때 머리 위에 얹어 짐을 괴는 고리 모양의 물건으로 보통 짚으로 틀며, 뱀이 몸을 둥글게 칭칭 감아 도사리고 있는 것도 똬리 틀고 있다 한다.

어디나, 어느 생물이나 나름대로 특징 하나를 갖지 않은 것이 없는 법. 실지렁이 이야기에서도 논했지만 또아리물달팽이 무리도 무척추동물이면서 새빨간 호흡 색소인 헤모글로빈을 가지고 있는 것이 특이하다. 피가 붉기에 몸 색깔도 불그스레한 것은 당연지사. 헤모시아닌보다는 으레 헤모글로빈이 가스 교환에 훨씬 효율적이다. 때문에 이들은 산소가 부족한 물에서도 용케 버틸 수가 있다. 참으로 묘하고 기막힌 적응이라 하겠다. 다 살게 마련이라 하지만 말이다. 물이 천천히 흐르거나 심지어 고여 있어서 턱없이 오염된 연못, 호수, 늪지대에서도 아랑곳않고 거뜬히 배길 수가 있다. 이놈들 역시 한천질 속에 둥그스름한 알을 낳아 그것을 물풀이나 돌, 다른 물체에 달라 붙인다. 가늘고 긴 더듬이가 있으며, 더듬이 아래에 눈이 붙어 있는 '기안' 무리이다. 이들 무리 또한 전 세계적으로 분포한다고 한다.

◘ 삿갓 닮은 민물삿갓조개 *Pettancylus nipponicus*

민물삿갓조개는 기안목 삿갓조개과Ancylidae의 복족류로 강이나 호수에 버려진 비닐, 깡통 등 매끈한 것에 붙어 살고, 수초에 붙어온 것이 수조의 유리벽에 옮아 붙는 것도 볼 수 있다. 가장 큰 것의 길이가 4밀리미터 정도로 민물에 사는 연체동물 중에서 가장 작다. 전체 모양은 바다의 삿갓조개를 똑 닮았다. 보통은 높이 1.5밀리미터, 길이 2.5밀리미터, 너비 1.5밀리미터 정도이고, 이름에 '조개'가 붙어서 껍데기 두 장인 이매패로 여기기 쉬우나 사실은 복족류이다. 다시 말해 두자면 '조개'란 껍질이 2장인 부족류이고 '고둥'은 껍데기가 뱅뱅 꼬인 복족류인데 민물삿갓조개의 이름은 혼동해서 잘못 붙인 것이다. 굳이 말한다면 복족류에 속하므로 '민물삿갓고둥'이 맞다. 민물삿갓조개는 꼭대기가 약간 뒤로 굽어져 있으며, 앞쪽이 뒤쪽보다 넓적하고 길쭉한 편으로 비나 햇빛을 가릴 때 쓰는 삿갓을 좀 닮았다. 껍데기에는 조류가 잔뜩 붙어 살고, 해부 현미경으로 잘 보면 나이테도 보인다. 알은 뭉쳐 낳지 않고 1개씩 따로 낳는다. 1초에 0.3~0.5밀리미터 속도로 아주 느릿느릿 미끄러지듯 이동한다. 우리나라에는 1종이 알려져 있지만 세계적으로 분포하는 소형 패류다.

2) 도끼 닮은 발을 가진 부족류

발足이 도끼斧, axe를 닮았다 하여 '부족류'라 부르며, 껍데기가 2장이라 '이매패'라고 부르기도 한다. 앞서 말했듯이 조개와 고둥을 묶어 패류貝類라 하며, 어패류魚貝類는 어류와 이들 패류를 묶어 하는 말이다. 우리들 밥상에 오르는 어패류가 얼마나 많은가!

우리나라 강에 사는 부족류에는 홍합과Mytilidae의 민물담치 1종, 재첩과Corbiculidae의 재첩, 참재첩, 콩재첩, 엷은재첩, 공주재첩, 점박이재첩 등 6종, 산골조개과Sphaeriidae의 산골조개, 삼각산골조개 등 2종, 석패과Unionidae의 말조개, 작은말조개, 칼조개, 귀이빨대칭이, 대칭이, 작은대칭이, 펄조개, 도끼조개, 두드럭조개, 곳체두드럭조개 등 10종이 있다. 이 중 몇 가지를 만나보자.

◘ 발전소 수로를 틀어막는 민물담치 *Limnoperna fortunei*

담치목Mytiloida 홍합과의 생물은 홍합, 진주담치 등 10여 종이 있지만 담수에 적응한 것은 이것이 유일하며, 바다에 사는 '비단담치'와 닮은 구석이 많다. 강어귀나 여울목의 바위와 돌 틈에 바다 홍합 무리와 마찬가지로 족사足絲로 딱 달라붙으며, 떼 지어 밀생密生한다. 긴긴 세월 우여곡절 끝에 바다 생물들이 바로 땅으로 치고 올라간 것도 더러 있지만 대부분 강으로 거슬러 올라와 한참을 살다가 그 일부가 다시 땅 위로 침입하였다고 본다. 군생群生하는 민물담치는 댐과 발전기 사이에 이어진 물길에 새까맣게 더덕더덕 달라붙어 수로를 콱 틀어막는 수가 있어서 요주의 대상에 속한다.

큰 것은 높이 1.7센티미터, 길이 3.9센티미터 정도이고, 꼭대기는 앞쪽으로 굽었다. 껍데기는 뒤로 갈수록 점점 넓어지면서 아래로 굽었으며, 매끈하고 검은 보라색이다. 껍데기 안은 보라색의 진주 광택을 내고 겉은 성장맥成長脈이 뚜렷하다. 세계적으로 서식하는 종이며, 우리나라의 임진강, 한강, 금강, 낙동강, 섬진강 등지에 분포한다.

민물담치 중에 '얼룩말홍합*Dreissena polymorpha*'이라는 놈이 있다. 이놈은 러시아에서 미국으로 들어간 것인데 미국 오대호五大湖 바닥을 15센티미터 두께로 이불처럼 쫙 덮었다. 질리게 많다는 말이 옳다. 다른 생물은 살지 못하게 말썽을 부려서 걷잡을 수 없이 생태적, 경제적 문제를 야기한다. 필자도 미시간호에서 직접 본 적이 있지만 과연 놈들은 난공불락難攻不落이다. 미국에서도 그놈들을 퇴치하기 위해 100년 넘는 세월 동안 많은 연구를 했지만 호락호락하지 않아 여태 제대로 잡지 못하였다고 한다. 우리 것이나 미국의 것이나 둘 다 고착 생활을 하며,

유생은 담륜자膽輪子, trocophore, 피면자被面子, veliger 시기를 플랑크톤으로 지나면서 발생하고 엄청난 생식력을 가진다. 아가미로 먹이를 걸러 먹는 여과 섭식을 하며, 상당한 염도나 꽤 심한 오염, 또는 아연Zn, 구리Cu 같은 중금속이 있어도 잘 견디는 것으로 밝혀졌다.

악화惡貨가 양화良貨를 추방한다고 했던가. 아니, 떠돌이인 굴러온 돌이 붙박이인 박힌 돌 뽑는다. 민물담치는 1965년부터 1990년 사이에 홍콩, 타이완, 일본, 한국, 중국 등 아시아에서 북미로 유입된 다음, 1989년에서 1990년경에 아르헨티나, 우루과이, 볼리비아, 브라질 등 남미 대륙까지 침공하여 강바닥을 10~15센티미터 두께로 덮어 버렸다. 그놈들 등쌀에 이미 심상치 않은 생태적 교란에다 경제적인 피해도 크다고 한다. 아시아 민물담치가 미 대륙에 가서 대놓고 쥐락펴락 몽니를 부린다고 하니 오죽하면 그곳 사람들이 이구동성으로 민물담치를 '아시아에서 온 공격적인 해로운 이매패Asian freshwater invasive pest bivalve'라 타박하고 이를 갈겠는가. 민물담치가 이렇게 문제가 된 것이 근래의 일인 탓에 아직도 생식, 전파, 생태, 섭식, 행동, 환경에 미치는 충격을 상세하게 알지 못한다고 한다.

◘ "채치국 사소!" 소리 정겨운 재첩 *Corbicula fluminea*

재첩은 백합목Veneroida 재첩과Corbiculidae의 부족류로 우리나라에는 6종이 서식한다. 재첩은 상당히 맑은 강, 연못, 호수 등지의 모래가 적당히 섞인 진흙 바닥에 산다. 높이 3센티미터, 길이 3.4센티미터, 너비 1.9센티미터로 양 껍데기가 불룩하여 서양 사람들은 'basket clam(바구니조개)'이라 부른다. 유패는 일반적으로 녹색이고, 성장맥이 확실하다. 수관水管이 발달하였으며, 어릴 때는 아주 작은 1개의 족사를 갖는다. 수명은 1~3년으로 보며, 껍질은 황갈색 또는 흑색인데 색깔이나 크기는 서식처의 환경에 따라 변이가 심하다. 껍데기에는 윤맥輪脈이 뚜렷하고, 인대靭帶가 아주 크며, 껍데기 안쪽은 옅은 붉은 보라색 바탕에 흰색이다. 주치主齒는 3개이며, 측치側齒가 크고 두껍다. 암수한몸이고, 몸속 아가미에서 자가 수정하여 얼마간 자란 다음 작은 유패가 되어 출수공으로 나가는 난태생을 한다. 괴이하게도 일종의 성전환을 하니, 어릴 때 암컷으로 먼저 알을 만들고, 나중에는 수컷 체질로 바뀌어 정자를 만들다가 끝에 가서는 동시에 난자와 정자 모두를 만든다고 한다. 하루에 2000여 마리, 평생 동안 10만 마리의 새끼를 낳는다고 하는데, 그래봤자 다른 놈들에게 한꺼번에 다 잡아먹히고 몇 놈만 남아 강을 지킨다. 우리도 옛날 유아 사망률이 아주 높을 적엔 아기를 많이 낳지 않았던가. 아기가 3살 정도 되어 문제가 없겠다 싶을 때 드디어 호적에 올렸다는 것. 재첩 새끼가 어미에서 나올 때는 1밀리미터 정도의 크기이며 1~4년 안에 완전 성숙한다. 일반적으로 식물성 플랑크톤을 아가미에서 여과 섭식하는데 이렇게 물을 걸러 먹기에 물을 정화淨化시키는 역할을 하지만 죽어서는 내용물이 썩어 적잖게 물을 더럽히는 부작용이 있는 것이 또한 문제다.

세계적으로 널리 퍼진 공격적인 종으로 1900년경에 아시아에서 미국으로 유출되었다고 하는데, 미국의 입장에서 보면 도입종導入種인 셈이다. 1924년경 미국으로 이민 간 아시아 인들이 키워 먹기 위해 미국에 들여간 것으로 본다. 특히 콩재첩은 민물과 바닷물이 섞이는 기수에서도 자라며, 처음에는 러시아, 타이태국, 필리핀, 중국, 타이완, 한국, 일본 등지에만 분포하였으나 이리저리 온 사방 퍼져 나가서 지금은 미국, 유럽까지 당도하였다. 유럽에서는 1980년경에 라인Rhein 강에서 처음 발견되었는데 요즘은 느닷없이 다뉴브Danube 강까지도 점점 퍼져 나가고 있다 하니 아뜩할 수밖에 없다. 모두가 사람들이 저질러 놓은 것. 생물은 국경이 따로 없다! 저들이 살만하니까 그러는 것을 누가 나무라고 핀잔하겠는가?

◘ 배 속에 물고기 알을 가진 대칭이 *Anodonta arcaeformis*

대칭이는 석패목石貝目, Unionoida 부족강斧足綱 석패과石貝科, Unionidae에 든다. 높이 6.8센티미터, 길이 12.8센티미터, 너비 4.5센티미터 정도이며, 강가에 사는 사람들이 "지게에 지면 한 짐이 넘는다."는 말을 할 정도로 담수패 중 제일 크다. 모래 섞인 진흙이 많은 곳에 사는데 껍데기가 얇고 색이 검으며, 전체 모양이 직사각형에 가깝고 꼭대기 부위가 편평하다. 껍데기 안쪽은 엷은 진주색을 띠는 살구색이며, 껍데기는 마르면 바삭바삭 부서지기 쉽고 잔금이 잘 간다. 암수딴몸이고, 수정란은 자라서 유패인 글로키디움glochidium이 된다. 유생이 생기는 시기는 10월에서 이듬해 3월까지로 석패과의 것들이 대부분 여름 산란형인 것과 달리 겨울에 산란한다. 우리나라 전국의 강이나 호수에 사는 편이며 중국, 동남아, 미국 등지에 분포한다.

석패과의 조개들은 하나같이 껍데기가 딱딱하고 두꺼워 '석패石貝'라는 말이 붙었다. 이들 중에서 특히 두드럭조개와 곳체두드럭조개는 꼭대기 부위의 두께가 7밀리미터나 되어서 아주 두껍다. 한때 서울의 워커힐 바로 아래 한강에 바글바글한 그것들을 대대적으로 잡아 일본에 수출한 적이 있었으니, 그 껍데기를 가로세로로 토막 내어 둥글게 갈아서 인공 진주를 만드는 핵核으로 썼다. 지금 바로 그 자리에는 한 마리도 살아 있지 않은 것은 물론이다. 한때 이름을 떨쳤던 그들이 어느새 희귀생물이 되고 말았으니 서럽고 아쉽고 안쓰럽고 야속하고 안타깝도다.

그런데 물고기 몇 종은 이들 조개의 외투강과 아가미에 알을 낳아 키우게 하니, 서로 이득을 주고받는 신비한 패류와 어류의 운명적인 만남, 공생 세계를 들여다본다. 포털사이트 '네이버'에 실렸던 필자의 글을 좀 뜯어고쳐 썼다.

물은 물고기의 집일뿐더러 조개의 집도 된다. 제 홀로 유유히 흐르는 강물에서 침묵의 힘을 배운다. 세상에! 어찌 저 강바닥에서 이런 일이!? 온 세상의 강과 호수에 사는 물고기와 조개, 즉 어패류魚貝類가 절묘한 '더불어 살기', '서로 돕기'를 한다. 공생, 공서共棲라는 것 말이다. 누가 뭐래도 세상에 독불장군 없는 법. 조개는 물고기 없으면 못 살고 물고기 또한 조개 없으면 살 수 없다 하니 불가사의라고나 할까. 오랜 세월 함께 살아오면서 '공진화'를 한 탓이다.

여기서 공진화共進化란 생물들이 서로 생존이나 번식에 영향을 미치면서 진화하는 것으로 포식자와 피식자, 기생자와 숙주가 한쪽의 적응적 진화에 대해서 대항적 진화 또는 협조적인 진화를 하는 것을 말한다. 한마디로 긴 세월 질곡의 삶이 만들어 낸 산물이다. 나 없인 너 못 살고 너 없이는 내가 못 산다? 악연이던 선연이던 간에 둘이 이렇게 연을 맺고 산다니 정녕 신묘하다.

우리나라 강에 살고 있는 민물고기 210여 종(외래종 포함) 중에 유독 납자루아과亞科에 속하는 납줄개속屬 4종, 납자루속 6종, 큰납지리속 2종 등 12종과 모래무지아과의 중고기속 3종을 모두 합쳐 15종의 어류는 하늘이 두 조각이 나도 조개에 알을 낳는다. 물고기는 다 물풀이나 돌 밑에다 알을 낳는데 이 무리들은 기어이 조개에 산란한다.

그런가 하면 우리나라에 서식하는 17종 조개 중 말조개, 작은말조개, 칼조개, 도끼조개, 두드럭조개, 곳체두드럭조개, 대칭이, 작은대칭이, 귀이빨대칭이, 펄조개 등 6속 10종의 석패과 조개들은 무슨 일이 있어도 유패를 물고기에 달라 붙인다.

먼저 어류가 패류에 알 낳는 것부터 본다. 앞서 이야기한 이들 물고기는 산란 시기가 되면 갑작스레 몸에 변화가 생긴다. 수컷은 몸이 아주 예쁜 혼인색婚姻色을 띠어 날씬한 멋쟁이가 되고, 암컷은 산란관이 항문 근처에 늘어나니 줄을 길게 달고 다니는 산불 끄는 헬기 꼴을 한다. 산란관은 종에 따라 달라서 큰 조개에 산란하는 놈은 제 몸 길이보다 긴가하면 작은 것에 산란하는 녀석들은 제 몸길이의 반이 안 된다. 이렇게 멋진 혼인색과 긴 산란관은 발정의 신호다. 이왕이면 잘 생기고 건강해야 좋은 짝을 만날 수 있고, 그래야 훌륭한 후사後嗣를 보게 되는 것이니 '성의 선택'이라는 것. 곱씹어 말하지만 물고기나 사람이나 후손을 잇지 못하면 도태하고 만다.

헌데 요상하게도 이 물고기들은 언제나 살아 있는 조개에만 알을 낳는다. 플라스틱으로 만든 진짜를 닮은 가짜 조개는 쳐다보지도 않는다. 물론 대칭이 같은 조개를 찾아내는 것은 수컷 몫이다. 제가 차지한 조개 가까이에 다른 수컷이 나타났다가는 난리가 난다. 휙, 휙! 날을 세워 헤집고 쏘다니면서 주둥이로 들이박거나 윽박지르고, 몸을 비틀어 후려치며 텃세를 부린다. 그러다가 흘깃흘깃 관심을 보이는 암컷이 나타나면 시끌벅적 더 붐비기 시작한다. 낌새를 채고는 암컷 가까이로 내닫더니만 부라린 눈에 몸을 부르르 떨기도 하고, 방아 찧기, 곤두박질치기, 지그재그 굽실굽실 갖은 교태를 다 부려 암컷을 산란장인 조개로 유인한다. 곡진한 사랑이다. 눈치 빠른 암컷은 기웃기웃거리다가 순간적으로 벌어진 조개 수관에 산란관을 꽂아 넣어 알을 쏟는다. 그러기를 반복하면서 무더기로 알을 낳는다. 옆에서 지켜보던 수컷은 잽싸게 달려가 입수관 근방에 희뿌연 정자를 뿌리고, 물과 함께 입수관을 통해 들어간 정자는 외투강 또는 아가미관에 끼어 있는 알을 수정시킨다. 아가미에 가득 끼어 있는 어란魚卵들이 조개의 숨쉬기를 힘들게 하는 것은 당연지사다.

물고기의 모정과 부정이 가득 고여 있는 조가비 속! 피 한 방울 안 섞인 다른 자식을 품은 대리모代理母! 무슨 이런 기구한 운명이 있담. 조개 몸속의 알은 다른 물고기에 먹히지 않고 고스란히 다 자라서 나오는지라 여읜 자식이 거의 없다. 강물에는 조개를 통째로 꿀꺽 삼키는 동물이 없지 않은가. 그래서 이들 물고기는 다른 물고기들에 비해서 알을 적게 낳는다. 예를 들자면 붕어 한 마리는 평균 6만 7827개를 낳는데, 이놈들은 300~400여 개 정도만 낳는다. 수정란은 조개 속에서 약 한 달간 자라서 약 1센티미터의 어린 물고기가 되어 나온다.

이 어린 물고기가 다 자라 새끼 칠 때가 되면 제가 태어난 안태본인 조개를 찾는다. 연어가 모천을 찾아들 듯 자기를 탄생시켰던 바로 그 조개들을 찾아가 알을 낳는다. 그것은 유전 인자에 각인되어 있는 것으로 일종의 귀소 본능이요, 회귀 본능인 것이다. 너무나 신비로운 어류들의 비밀스런 생태다.

세상에 공짜 없다. 반드시 갚음을 한다. 그래서 이제는 조개가 물고기에게 신세를 질 차례다. 우연일까 필연일까? 물고기와 조개의 산란 시기가 이르지도 늦지도 않고 일치하니 말이다. 석패과 조개들은 저들의 어린 시절, 한 달 가까이 붙어살았던 어미 물고기의 향긋한 젖내를 잊지 못한다. 조개에 산란하기 위해 주변에 물고기가 얼쩡거리면 재빨리 알을 '훅, 훅' 내뿜는다. 여기서 '알'이라고 했지만, 실은 이미 1.5밀리미터나 자란 유패로, 이를 '글로키디움

(갈고리라는 뜻)' 이라 부른다. 두 장의 여린 껍데기 끝에 예리한 갈고리hook가, 거기에 또 수많은 작은 갈고리hooklet가 있어서 그것으로 물고기의 지느러미나 비늘을 쿡 찍어 물고 늘어진다. 그뿐 아니다. 글로키디움은 가늘고 긴 유생사幼生絲, larval thread라는 실을 올가미처럼 늘어뜨려 놓아서 누비고 다니던 물고기가 근방을 지나치다 실에 걸리면 재빨리 감아 달라붙어서 무전여행을 한다.

물고기는 숙주이고 글로키디움은 기생충이다. 녀석들은 물고기의 몸속 깊숙이 헛뿌리를 박아서 체액이나 피를 빤다. 글로키디움이 더덕더덕 떼거리로 달라붙으면 숙주가 기진맥진해 죽는 수도 있고, 2차 세균 감염으로 생채기가 심해 수척해지면서 형편없이 핼쑥한 몰골을 한다. 은혜 갚음하기 어렵구나! 조개마다 글로키디움의 크기나 모양이 다르기에 종 분류의 동정同定, 검색의 열쇠가 된다.

조개는 새끼를 물고기에 붙여 놓아 다른 동물들에게 잡아먹히지 않고, 기동성이 있는 물고기 배달부가 멀리까지 옮겨 주니 신천지를 개척하는 유리한 적응 방산適應放散을 한다. 퍼짐이라는 것! 역시 근 한 달간 탈바꿈하여 조개 모양새를 갖추면 이때다, 하고 강바닥에 떨어지니 제2의 탄생인 것이다.

이런 자리매김은 아마도 유전 인자에 프로그래밍 되어 있는 것. 숙명적인 만남, 뗄 수 없는 상생이다. 그래서 강에 조개가 절멸하면 물고기가 잇따라 전멸하고, 물고기가 없어지는 날에는 조개도 따라 사라진다. 도미노다. 찬탄이 절로 나온다. 서로 없이는 못 사는 이런 관계를 두고 인연이라 하는 것. 모든 사물은 다 연에 의해서 생멸한다. 넌 물고기, 난 조개, 부디 우리의 귀한 연분을 가볍게 여기지 말자.

화불단행禍不單行이라, 으레 재앙은 번번이 겹쳐 오는 법이다. 여기서 본 것처럼 이들 물고기나 조개가 한쪽이 없어지거나 하면 다른 쪽도 따라 사라지고 말테니 말이다. 어떻게 이런 공진화를 했단 말인가. 태곳적 본능이라 하겠지만 천생연분이 따로 없다!

다리에 마디가 많은 절지동물

1) 딱딱한 등딱지를 가진 갑각류(甲殼類)

야물고 딱딱하며, 제 몸에 비해 아주 큰 등딱지甲殼를 가진 것이 특징인 갑각류crustacean는 민물에 사는 몇 종을 제외하고는 주로 바다에 서식하는 절지동물arthropoda로 민물새우, 가재, 바닷가재, 게, 물벼룩, 따개비 등 참 많이 있다. 딱딱한 겉껍데기인 외골격이 싸고 있어 겉이 아주 단단하며, 몸은 등딱지로 덮인 머리가슴, 종에 따라 길쭉하거나 접히는 배로 나뉜다. 머리가슴부의 앞 끝부분에 있으면서 오뚝하게 눈을 얹은 눈자루는 이마의 양 옆에 우뚝 솟아 있으며, 이마 바깥쪽으로 눈자루에 맞는 홈이 있어 곤두세웠던 눈을 접어 넣어 감출 수 있다. 보통 1쌍의 더듬이를 갖는 다른 곤충들에 비해 갑각류는 아주 길게 발달한 큰더듬이대촉각와 작은더듬이소촉각가 각각 1쌍씩 모두 2쌍이 있으니 이것을 갑각류의 가장 큰 특징으로 삼는다. 머리가슴에는 집게다리겸각, 鉗脚 1쌍과 걷는 다리보각, 步脚 4쌍이 붙어 있으며, 이렇게 10개의 다리를 가지기에 십각류十脚類라 부른다. 또 머리 앞에는 끝이 뾰족한 이마뿔액각, 額角이 있는데, 이마에 난 이 뿔은 나름대로 아주 중요한 방어 무기가 된다.

◘ 뒷걸음질의 명수, 가재 *Cambaroides similis*

가재는 절지동물 십각목十脚目, decapod 가잿과의 갑각류로 몸길이가 5센티미터쯤 되며 주로 산골짜기 개울이나 실개천, 하천 등 최고로 깨끗한 1급수에만 산다. 가재가 사는 물은 그냥 마셔도 괜찮다. 가재를 한자어로는 '석해石蟹, 돌게'라 하는데, 몸빛깔은 붉은색이거나 회색을 띤 갈색이고, 주변 환경에 따라 변하는 보호색을 띤다. 민물에 가재가 산다면 바다에는 바닷가재가 있으니 둘은 크기만 다를 뿐 너무 빼닮았다. "생물은 처음에 바다에서 생겼다."는 말을 믿는다면 분명 바닷가재가 슬금슬금 민물로 기어올라와 민물가재가 되었다 하겠다.

그런데 다른 것들도 그렇지만 갑각류의 맛을 비교하면 민물의 것보다 바다의 것이 모두 훨씬 맛나다. 왜 그럴까? 새우나 게 말고 물고기도 다 바다의 것들은 살이 쫄깃한 것이 입안에 착착 달라붙는데 민물 것은 살도 적고 맛도 밍밍하고 심심하다. 바다의 것들은 고농도의 짠물에 살기 때문에 몸에 단백질, 지방과 같은 양분을 많이 저장해야 농도 차를 이겨낼 수 있지만 민물은 바닷물에 비해 농도가 낮기 때문에 생물체에 저장하는 양분의 농도도 낮다. 그래서 바다새우, 가재보다 민물새우, 가재가 한참 그 맛이 떨어진다.

"가재는 게 편이다."라 한다. '유유상종類類相從'이라거나 '초록은 동색'이라는 말과 통하는 것으로, 모양이 서로 비슷하며 한편이 되어 붙는다는 뜻이다. "도랑치고 가재 잡는다."는 말은 개울을 쳐서 논에 물도 대고 가재도 잡듯이 한 가지 일을 하고도 두 가지 소득을 얻었을 때를 말한다. 자식 입에 음식 들어가는 것과 마른 논에 물 들어가는 것이 세상에서 가장 보기 좋다고 했지. 일석이조一石二鳥, 돌 한 번 던져 새 두 마리를 잡았다! '마당 쓸고 동전 줍고', 어, 재수 좋다!

가재의 몸은 전체가 19마디이고 각 마디에 부속지가 1쌍씩이지만 겉으로 보아서 머리와 가슴 부위가 합쳐진 머리가슴과 배로 되어 있다. 가재는 세계적으로 12속, 1000종이 넘으며, 오스트레일리아 남동부에 있는 타스마니아Tasmania 섬에 사는 1종은 무게가 무려 3킬로그램이나 된다고 한다. 거참, 푸짐하게 먹을 만하겠다! 가재는 다른 갑각류에 비해 배가 큰 편이고 2쌍의 더듬이가 있으며, 다리는 모두 5쌍으로 제일 앞다리는 아주 커져서 집게발로 바뀌었다. 새우도 그렇지만 머리 앞쪽 가운데에 뾰족한 이마뿔이 하나 튀어나와 있고 몸에는 키틴질의 딱딱한 겉껍데기를 입고 있다.

칼슘Ca과 산소O_2가 많은 물이나 땅 밑에서 솟아오르는 용수湧水에 잘 살고, 주기적으로 허물을 벗는데 그때마다 제 껍데기를 남김없이 다 먹어치운다고 한다. 가재는 연체동물이지만 거미처럼 피가 푸르스름하니 구리Cu가 들어있는 헤모시아닌 혈색소 탓이다. 바위나 돌 밑에 굴을 파고 살며 죽은 고기나 다슬기, 물달팽이, 애기물달팽이, 올챙이, 곤충의 유생인 수서 곤충을 잡아먹는 육식성이다. 암컷과 수컷이 따로인 암수딴몸으로 체내 수정을 하며, 수컷은 작은 돌기인 교미기交尾器를 배 중간 부분에 달고 있다. 암컷은 수정란을 낳으면 그것을 얼마 동안 배에 빼곡히 달라붙여 키운 다음에 어린 새끼가 되면 떠나보낸다. 깃털을 닮은 아가미로 호흡하며 환경의 깨끗함을 증명하는 1급수 지표종이다.

우리들의 어린 시골생활의 추억에 가재는 만만찮은 단골로 등장한다. 녀석들이 깊게 굴을 파면서 굴 앞으로 물어 낸 자잘한 모래로는 쟁반 같이 둥그런 성을 쌓는다. 녀석은 낮에는 굴속에서 지내다가 밤에 주로 활동한다. 하여, 횃불을 치켜들고 나가 물가에 먹이 찾아 기어 나와 있는 청맹과니나 다름없는 가재를 주섬주섬 그냥 담기만 하면 된다. 지금은 밝디밝은 손전등이 있으니 가재, 민물고기 잡기는 누워 떡먹기지만 원시생활에 가까웠던 우리는 횃불로 가재를 잡았다. 긴 작대기 끝에 솜방망이를 묶어 달고 거기에 석유를 묻혀 불을 붙인 것이 횃불인데 나처럼 고기잡이에 숙맥菽麥인 사람은 석유통을 들고 허겁지겁, 자박자박 따라다니기 바빴다. 그놈들을 잡아 간장에 자작자작 조려 먹었으니 끼니도 잇기 어려운, 먹을 게 턱없이 부족했던 때에 아주 훌륭한 단백질 공급원이었다. 껍질째 아작아작 씹어 먹으면 아주 고소한 것이 감칠맛이 났다. 몸은 귀신이라서 부족한 영양소가 든 음식은 언제나, 어느 것이나 맛나다. 몸이 먹으라는 대로 먹고 몸이 하라는 대로 행동하라고 한다. 시장이 반찬이다. 다른 말로 기갈감식飢渴甘食이라 하니, 목마르고 배고프면 어느 음식이나 다 달다. 그런데 가끔은 집게발 하나가 없는 녀석이 잡힌다. 아마도 쌈박질하느라 그랬을 터인데, 우리는 "다리 떼 주고 술 사 먹었군."하고 비웃으며 구시렁거렸지.

우리만 아니라 다른 나라 사람들도 민물가재 요리를 즐겨 먹는다고 한다. 그들이나 우리나 다 한때는 원시시대에 원시생활을 하였으니 용茸 빼는 재주 없다. 미국 어느 지방에서는 냄비에 가재를 넣고 끓이면서 거기에다 소금, 후추, 레몬, 마늘을 넣어 지져 먹고, 또 다른 곳에서는 토마토, 옥수수, 양파, 버섯, 소시지도 넣는다고 한다. 아주 멋진 요리다! 그리고 중국 북경에서는 양념하여 맛 낸 가재를 '마 찌아오ma xiao, 麻小'라 하여 한여름에 시원한 맥주 안주로 먹는다고 하고, 미국 등지에서는 서양메기channel catfish, 배스bass 등 입 큰 물고기를 낚는 미끼로 쓴다고 한다.

비참했던 우리 시대 이야기를 하나 더 한다면, 옛날에는 홍역에 걸려 고열이 나면 해열제로 기껏 민물가재나 민물새우를 날것으로 찧어 먹였다. 아스피린의 '아' 자도 모를 시절이었기에 그랬다. 그러다 보니 무서운 병의 하나인 폐흡충폐디스토마에 걸리기도 했다. 사람도 시時를 잘 타고나야 사람답게 살다 죽는다. 우리도 가난에 찌든 어린 시절에 크게 다르지 않았지만, '진흙쿠키'를 먹는 아이티라는 나라의 가여운 저 아이들을 생각하면 마음이 짠하다. 어느 신부께서 말했듯 "얻어먹을 힘만 있어도 영광"이라 하지 않는가. 배불리 먹을 수 있는 것만도 무한한 행복이다!

그건 그렇다 치고 가재나 새우 따위를 불에 익히면 왜 새빨갛게 변하는가? 바로 아스타크산틴astaxanthin이라는 색소 탓이란다. 그것은 카로티노이드carotenoid계 식물 색소의 일종으로 지용성이며, 조류나 효모, 연어, 송어, 크릴krill, 새우, 가재 등의 갑각류나 새의 깃털에 주로 생긴다. 다른 식물의 카로티노이드처럼 사람 몸에서 비타민A로 바뀌지 않고 항산화제로 작용한다고 한다. 생체 내에서는 단백질과 결합한 색소 단백질로 존재하는데 가재나 새우, 게가 열을 받으면 이런 색소 단백질이 분해되어 없어지면서 그것들에 가려 보이지 않았던 붉은 아스타크산틴의 색이 드디어 겉으로 드러나는 것이다. 물론 연어나 송어의 생살, 알이 붉은 것도 바로 이 색소 때문이다.

대부분의 게는 옆으로 기는 '게걸음' 유전자를 가졌다. 어미 게가 자식 게에게 "옆으로 기지 말고 앞으로 똑바로 걸어라."고 했고, 혀짤배기 아버지가 "나는 '바담 풍'하지만 너는 '바담(바람) 풍' 하라."고 했다 하니, 자식 잘되길 바라는 부모의 한결 같은 소망이 스며 있도다. 이렇게 게는 옆으로 기는 '게걸음'을 하는데 가재는 뒷걸음을 잘 치니 이를 '가재걸음'이라 한다. "가재걸음 한다."는 말은 '한다고는 하는데 늘어나지는 못하고 되레 줄어드는 것'을 비유하는 말이기도 하다. 여러분들은 가재나 게를 닮지 말고 마땅히 뒷걸음질 못하는 뱀을 닮아 앞으로만 달려 나갈 일이다. "눈먼 개처럼 갈팡질팡한다."는 말이 있는데, 가재든 뱀이든 가는 방향 하나는 줄곧 한쪽이어야 할 터다.

참고로 바닷가재 이야기를 게꽁지처럼 달아 둔다. 하도 비

싸서 보통 사람은 감히 먹어볼 엄두도 못 낸다. 맛도 좋지만 육질도 빼어나 모두 먹고 싶어 하는 바닷가재다. 대부분의 살은 배와 집게발에 있다! 미국만 해도 사람들이 어찌나 걸판지게 먹어 대는지 1년에 10억 달러 어치나 불티나게 팔린다고 하는데 어디서 그 많은 것을? 바닷물 반, 가재 반이란 말인가?

바닷가재는 세계 어디에나 사는 놈으로 바위나 모래, 진흙이 있는 바닥이나 바위틈, 굴에서 혼자 산다. 몸길이는 보통 25~50센티미터로 바다의 바닥에서 머뭇머뭇거리며 기어 다니지만 도망칠 때는 배딱지를 오므리고 뒤로 1초에 5미터 속도로 휙 쏜살같이 내뺀다고 한다. 잡식성雜食性으로 물고기, 조개, 갯지렁이와 다른 갑각류는 물론이고 바다풀도 먹는다고 한다. 수조 같은 곳에 가둬 두면 서로 피터지게 싸우고, 심하면 동족살생도 하기에 집게발을 칭칭 묶어 두지 않던가.

여기에 믿거나 말거나 눈이 휘둥그레질 불가사의不可思議한 이야기가 있다. 과학자들의 연구에 따르면 뜻밖에 바닷가재가 늙어서도 죽지 않는 몇 종의 생물에 든다는데, 나이를 먹어도 힘이 빠지거나 생산력이 줄지 않고 오히려 늙을수록 생식력이 더 는다고도 한다. 정말 믿어도 되나? 구체적으로 학자들이 밝히고 있으니, 녀석들은 노화의 원인인 유전자의 끝부분 텔러미어telomere가 닳지 않는다는 것. 어이쿠! 기네스 기록에 따르면 가장 큰 것은 캐나다에서 잡혔으니 그 무게가 족히 20.15킬로그램이 넘었다 한다!

◘ 절세미인 징거미새우 *Macrobrachium nipponense*

징거미새우는 절지동물 십각목 징거미새우과의 갑각류로 대표적인 민물새우이며, 사람마다 보는 눈이 다르다고는 하지만 날렵하고 그윽한 곡선미가 절세미인의 단아함을 지녀 누구라도 반할 만하다. "새우는 대대로 곱사등이다.", "새우잠을 잤다.", "고래 싸움에 새우 등 터진다.", "새우로 도미를 낚는다." 등 '새우'에 얽힌 속담들이 여간 많지 않다. 앞의 이야기를 간단히 순서대로 풀이하자면 새우는 유전적으로 등이 굽었다, 새우처럼 웅크리고 잤다, 강자들의 싸움에 괜히 약자들이 피해를 입는다, 하찮은 밑천을 가지고 예상 외의 큰 이득을 얻었다는 뜻이다. 작은 새우에 빗대어 이런 재미나는 이야기를 만든 선조들의 해학諧謔이 후손 대대로 이어졌으면 좋겠다. 어렵사리 살면서도 무릇 여유와 넉넉함을 잃지 않았던 우리 조상들의 반짝반짝 빛나는 슬기로움 말이다!

학명에는 보통 처음 채집한 사람, 나라, 장소명이나 그 종의 특성이 들어 있다. 징거미새우의 속명 'Macrobrachium'에서 'macro'는 '크다'는 뜻이고 'brachium'은 '팔'을 뜻하니, 즉 집게발이 철사같이 가늘고 길다는 특징을 나타낸 말이다. 그리고 종명의 'nipponense'는 '일본'이라는 뜻으로 처음 발견된 장소를 알 수 있다. 우리말 '징거미'는 무엇이며, '새우'는 뭐란 말인가? 국명의 어원을 찾았으면 좋겠는데 매양 세상에 이보다 어려운 것이 없으니…….

징거미새우의 몸길이는 보통 5~7센티미터이며 수컷이 암컷에 비해 조금 크다. 5쌍의 다리 중 첫 번째와 두 번째 다리는 길고 가느다란 집게 모양이며 특히 두 번째 다리는 몸길이의 1.7배에 달한다. 가재보다 훨씬 긴 두 눈 사이에 튀어나온 이마뿔은 상당히 공격적인 무기로 머리가슴 껍데기두흉갑, 頭胸甲의 0.7배 정도이다. 이마뿔의 위 가장자리에는 12개의 뾰족한 이齒가 줄지어 있는데 모두가 앞으로 향해 나 있어 창 삼아 남을 해치고 아프게 찌른다. 몸 색깔은 보통 갈색 또는 암갈색 바탕에 초록색 또는 청색을 띠며 사는 장소에 따라 조금씩 다르다.

강이나 호수에 살며, 야행성으로 낮에는 돌이나 나무 틈새에서 지내다가 밤에는 수생 곤충이나 죽은 물고기 등을 먹는다. 짝짓기와 산란은 보통 7~8월에 하며, 암컷은 1밀리미터가 채 안 되는 알을 6000~1만 개 정도 낳는다고 한다. 수정란은 다른 갑각류와 매한가지로 조에아 상태로 부화하며, 그것이 9단계를 거친 후에 미시스 시기를 지나 어린 새우가 된다. 변태, 탈바꿈이라는 것! 바뀌지 않으면 죽은 것이나 다름없다! 'change'에서 'g'를 'c'로 바꿔 보라! 변하지 않으면 기회를 얻을 수 없나니.

징거미새우도 가재처럼 발 빠르게 뒷걸음치기 명수名手이다. 그래도 그놈들을 여지없이 맨손으로 잡아내는 달인達人이 바로 우리들 아니었던가. 나남 할 것 없이 번번이 강에서 징거미를 잡는 날에는 으레 머리가슴부의 등딱지를 깡그리 뜯어 버린 다음, 까칠한 배의 껍질을 쓱 벗기고 냉큼 산 채로 우두둑 꾹꾹 씹어 먹었으니 미끈미끈하면서도 달착지근한 살 맛은 입안에 살살 녹았지! 하도 오래전의 그 일이 마치 엊그제같이 오만가지 생각으로 오버랩되어 떠오른다. 괜찮았기 망정이지 정말 어이없고 아찔한 사건이었다. 지금 생각해도 속이 메스껍고 게울 듯 느글거린다. 혹여 집에 가져가서 조려 먹거나 석쇠에 구워 먹을 순 없었을까? 더더욱 폐흡충의 제1중간 숙주인 다슬기가 바로 옆 강바닥에 발발 기어가고 있었으니 말이다. 그러나 그때만 해도 흡충이고 디스토마고 쥐뿔도 모르고 못 잡아먹어 안달이었으니 모르는 게 약이요, 아는 게 병이며 무식한 놈이 용감하다는 말이 정녕 옳다.

다슬기 이야기에서도 언급했지만 폐흡충에 걸린 사람의 가래나 대변에 알이 묻어 강물에 흘러들면 알에서 부화한 유생 미라시디움이 다슬기에 들어가고, 거기서 발생을 한 유충 세르카리아가 징거미새우에 들어가 메타세르카리아가 된다. 징거미새우를 날로 먹으면 단방에 메타세르카리아가 허파로 파고든다는 것을 모르고 그 짓을 했던 것. 그렇지만 낭패 안 당하고 아무 탈이 없었던 것이 무척 천만다행이요, 참 운수 대통이었다. 조상이 도운 탓이다!

우리나라 강이나 호수에 사는 민물새우의 종류에는 몇 가지가 더 있다. 그중 왕징거미새우*Macrobrachium japonicum*는 징거미새우과에 속하며 징거미새우보다 조금 크지만 큰 차이가 없다. 우리나라에서는 아주 귀한 종으로 경상남도 밀양에서 채집된 적이 있다고 한다. 각시흰새우*Exopalaemon modestus*는 몸길이가 3~6센티미터 정도로 아주 소형이며, 살아 있을 때의 몸 색깔은 투명하지만 죽으면 하얗게 변한다. 물고기나 새우 따위는 비가 많이 와서 강물이 불어나면 물살에 떠내려가지 않기 위해 서둘러 물가로 나오는 습성이 있는데, 이때 족대로 풀숲을 팍팍 훑어서 각시흰새우를 잡는다. 붉은줄참새우*Palaemon macrodactylus*는 몸길이 약 5센티미터로 머리가슴과 배의 표면은 매끈하며 몸에 붉은 줄무늬가 있다. 새뱅이*Caridina denticulata denticulata*는 새뱅잇과의 민물새우로 몸길이는 2.5센티미터 정도이다. 흔히 '토하土蝦'라 부르는데, 논이나 저수지에서 잡히는 아주 작은 민물새우이다. 몸 색깔은 어두운 갈색이고 등 가운데 얼룩무늬가 있으며 꼬리마디

위에 3~5쌍의 가시가 나 있다. 5~7월에 산란하고, 해감 비슷한 흙내가 난다. 경상도나 전라도에서는 '생이' 또는 '새비'라 하고, 충청도에서는 '새뱅이'라고 한다. 새뱅이를 소금에 쟁여 넣어서 3개월 정도 숙성시킨 후 찰밥과 마늘, 고춧가루, 생강 등을 넣고 다시 숙성시키면 그새 훌륭한 토하젓으로 재탄생한다. 포실포실한 이밥에 토하젓 한 젓가락 떠 얹어서…… 꿀꺽, 곯아도 젓국이 좋고 늙어도 영감이 좋다고 한다! 늙었어도 얼굴이 깨끗하고 아울러 맵시가 있을 때 '조쌀하다'고 한다지? 새록새록 죽음의 그림자가 눈앞에 어른거리는 나, 곱게 늙어가고 싶다는 염원을 말했을 뿐이다.

◘ 옆으로 드러누워 사는 보통옆새우 *Gammarus sobaegensis*

보통옆새우는 옆새우과Gammaridae의 갑각류로 민물에 살며 '소백옆새우'라 부르기도 한다. 몸은 벼룩처럼 좌우로 납작하여 꼬마새우를 닮은 것이 어찌 저렇게 몸을 옆으로 눕혀 헤엄을 친단 말인가. 광어넙치나 서대, 도다리들이 한쪽으로 몸을 눕혀 그렇듯이 말이지. 걱정할 일이 아니다. 다 제 잘난 맛에 산다 하였으니, 외눈박이들이 사는 세상에서는 두눈박이가 이상한 것이다! 이 새우는 몸길이가 3센티미터 정도이며, 가슴 부위에 8쌍의 가슴다리가 있는데, 그중에서 첫 번째 1쌍은 입틀口器로 바뀌고 두 번째, 세 번째의 것은 커지면서 집게발 닮은 구조를 하며, 나머지는 변화가 없이 다리로 남았다. 배는 6마디로 부속지 6쌍 가운데 앞쪽의 3쌍은 헤엄치는 유영용遊泳用이고 뒤의 3쌍은 팔짝 뛰는 도약용跳躍用이다. 옆새우 무리를 '단각류端脚類, amphipod'라 하는데, 'amphi'는 '2가지', '양쪽both'이라는 뜻이고 'pod'는 '다리발, foot'라는 의미로 다리를 이용해 헤엄치고, 걷고, 뛰고, 먹이를 잡는 등 여러 가지 일을 한다는 데서 붙은 이름이다. 실제로 잡아 해부 접시에 놓아 보면 다리로 쓱쓱 밀기도 하고 팔딱팔딱 뛰기도 하면서 버벅거린다.

옆새우 무리는 가슴다리에 2~6쌍의 아가미가 있고, 암컷은 가슴 부위에 알을 품는 포란방(보육방)이 따로 있다. 수정란은 암컷의 포란방 속에서 발생하고, 겉모양이 성체와 거의 비슷해질 때쯤 한날한시에 알껍데기를 벗고 부화한다. 보통 수컷이 암컷보다 덩치가 좀 크며, 갑각류이면서도 다른 무리와 달리 가슴 위에 딱딱한 등딱지가 없다.

보통옆새우는 물 맑은 1급수에 서식하는 갑각류로 수질 오염의 정도를 알려주는 데 쓰이는 종이다. 이들은 산간 계류 상부에서부터 하부까지 온 사방에 살았으나 이제는 물이 얼토당토않게 더러워져 눈을 닦고 찾아봐도 찾기 어렵게 되었다. 이 녀석들은 산골짜기 낙엽이 수북이 떨어진 개울이나 개천가, 물

웅덩이, 샘물, 동굴 근처에 살면서 주로 물에 잠겨 썩어 가는 활엽수 잎을 갉아 먹고 산다. 자작한 물에 엎어져 있는 가랑잎을 들추어 보면 소스라치게 놀라 부랴부랴 숨어들면서 주체 못할 만큼 바글거리니 바로 그것이 옆새우이다. 갉아 먹은 갈잎들을 보면 일부러 잎을 물에 넣어 썩힌 듯 잎 살葉肉은 없고 얼기설기 질긴 잎맥만 덩그러니 남았다! 참고로 같은 옆새우과 동물인 칼세오리옆새우*Gammarus zeongogensis*의 몸은 좌우가 납작한 편이고 살아 있을 때의 몸 색깔은 연갈색이다. 성체의 크기는 1.2~1.4센티미터 정도이며, 역시 산간 계곡의 1급수에 서식한다. 이것들이 사는 곳에는 가재가 따라 산다. 북한에서는 옆새우를 '가재밥'이라 부른다고 하는데 일리가 있다 하겠다.

◘ 물에 사는 벼룩, 물벼룩 *Daphnia pulex*

물벼룩은 절지동물문 갑각강 물벼룩과Daphniidae에 속하며, 민물에 사는 소형 갑각류로 보통 동물성플랑크톤의 일종으로 묶는다. 참고로 플랑크톤plankton이라는 말에는 '둥둥 떠서' 다닌다는 뜻이 들어 있으며, 그래서 '플랑크톤의 삶'이라고 하면 빈둥빈둥 부평초浮萍草, 개구리밥처럼 하염없이 떠도는 생활을 말하는 것이다. 동가식서가숙東家食西家宿이란 먹을 것, 잘 곳이 없이 떠도는 사람이거나 그런 짓을 말하지 않던가. 얄궂고 부질없는 인생길 말이다.

물벼룩은 사람의 콩팥을 닮았고, 몸이 투명하여 현미경으로 보면 속이 훤히 다 들여다보인다. 머리 부분에 크고 초롱초롱한 1개의 복안을 가진다. 아주 작은 제1촉각이 입 아래에 붙어 있고, 절지동물의 큰 앞다리처럼 보이는 제2촉각은 아주 커서 보통 몸길이의 반 정도이다. 제2촉각의 끝자락은 2갈래로 나뉘어 들쭉날쭉 거추장스러워 보이는데, 물벼룩은 이것을 움직여 뒤뚱뒤뚱 헤엄친다. 몸 중간으로 내장이 길게 내려 뻗으며 그 뒤에 자리한 보육랑保育囊은 알을 여러 개 꿰찼고, 그 위에는 작은 심장이 덩그러니 올라앉았다. 4~6쌍의 잎사귀 꼴을 한 아가미가 붙어 있는 다리가 있어서 새각류鰓脚類, Branchiopoda로 분류하며, 그것으로 물의 흐름을 일으켜 산소 공급을 할 뿐더러 먹이도 챈다. 몸 끝에 길쭉하고 뾰족한 돌기가 나 있는 것도 눈에 쏙 들어온다.

물벼룩은 흐르는 물에서는 떠내려가 버리기에 물이 고인 연못이나 호수에 주로 살며, 몸길이가 1.2~2.5밀리미터로 아주 소형이라 현미경으로 보아야만 모습이 제대로 보인다. 여기서 '1.2밀리미터'라는 길이를 한번 따져 보자. 다시 말해서 물벼룩을 맨눈으로 볼 수 있느냐 하는 것이다. 사람이 볼 수 있는 길이의 한계는 0.1밀리미터로 그 이하의 물체는 눈으로 볼 수 없기에 돋보기나 현미경이 등장한다. 그러므로 뜰채로 떠서 보면 겨우 눈에 보일 듯 말 듯한 물벼룩을 '현미경적microscopic'이라 칭한다.

'물벼룩'이라는 이름은 '물에 사는 벼룩 닮은 놈'이라는 뜻인데, 그렇다면 벼룩이 어떤지 속속들이 좀 알아야 한다. 내가 어릴 때는 딱하게도 온갖 행패를 부리는 벼룩과 이louse를 거리낌 없이 외려 친구하며 살았다. 어쩔 수 없이 그렇게 지냈다. 그 놈들이 우리에게 대들어 마냥 괴롭혔으니 그 귀한 피를 많이 빨렸고, 깨문 자리는 무척 가려워서 빡빡 긁었다. 늙으면 까마득한 과거를 먹고 산다고 그 시절이 못내 애틋하고 아쉽고 그립도다. 벼룩은 크기가 2~3밀리미터라 아침 햇살에, 방바닥에 앉아 있는 놈이 더욱 눈에 잘 띈다. 적갈색을 띤 것이 양쪽 옆에서 바싹 눌려져 납작해진 볼품없는 모양새를 하고 있지만, 용수철처럼 세차게 튀어 오르는 점프력과 멀리뛰기가 대단하여 제 몸의 약 200배가 넘는 20센티미터를 너끈히 도약跳躍한 기록이 있다.

그렇게 탄력성이 뛰어난 것은 뒷다리에 있는 레실린resilin이라는 특수 단백질 때문이다. 지금까지 알려진 것 가운데 가장 탄력성이 있는 단백질인 레실린은 벼룩보다도 메뚜기 날개에서 먼저 발견했는데, 모든 곤충들의 날개와 다리에 있으며 죽을 때까지 수억 번의 수축과 이완을 한다. 2005년에는 호주의 한 학자가 대장균*Escherichia coli*에다 초파리의 레실린 유전자를 집어넣어 인조 레실린을 만들었는데, 운동복이나 의학, 다른 전자 부품 등을 만드는 데 활용될 것이라고 한다. 자연을 모방하지 않은 과학은 없다!

다시 물벼룩으로 왔다. 물벼룩은 갑각류로 새우나 가재를 닮았으며 수컷은 평균 1.3밀리미터, 암컷은 2.2밀리미터로 수컷이 암컷보다 작다. 2장의 갑각은 넓으며, 윗면은 서로 붙고 아랫면은 열려 있어 이러한 특징 때문에 '양갑목兩甲目'이라는 이름이 붙었다. 수온이 적당하고 먹을 것이 풍부한 봄, 여름에 암컷이 낳은 알이 수정을 하지 않고 그냥 발생을 해 버리니 이렇게 미수정란未受精卵이 발생하는 것을 단위 생식 또는 처녀 생식이라 한다. 알은 모두 암컷이 되고, 그것들은 다시 '여름 알'이라 부르는 알을 낳아 또다시 죄다 암컷이 되고……, 이러기를 수없이 반복하여 개체 수를 무한히 늘릴 수 있는 것이다. 그러므로 이 시기는 진딧물 따위와 마찬가지로 숫제 수컷이 필요하지 않은 '암컷들 세상'이다! 여인천국女人天國이 따로 없다.

그런데 가을이 닥쳐오거나 여름 가뭄이 들어 절박한 환경 조건이 형성되면 갑자기 알 중에서 수컷이 생겨나고 그것이 정자를 만들어 수정란을 만든다. '겨울 알'이라 부르는 그 알은 두꺼운 껍데기를 가지고 있어서 열악한 환경을 견디니 목 타는 한

발旱魃과 손가락 곱는 추운 겨울을 알차게 이겨 낸다. 그런데 여름 가뭄이 끝나거나 따뜻한 봄이 와 환경이 다시 좋아질 기미가 보이면 겨울 알은 부화하여 암컷이 되고 그것들이 천연덕스럽게 처녀 생식을 새로이 시작한다. 개체군을 늘려 나가기 위해 수단과 방법을 가리지 않는 저들이다. 물벼룩은 수온이 섭씨 25도일 때 40일, 섭씨 20도일 때 56일을 사니 일반적으로 수온이 낮을수록 평균 수명이 길어진다. 변온 동물이라 온도가 낮으면 물질 대사가 느려지는 탓이다. 사람도 굶다시피 소식小食하면 30퍼센트나 수명을 연장한다고 한다.

물벼룩은 자기보다 더 작은 식물성플랑크톤이나 조류, 세균, 곰팡이, 원생동물, 부패 중인 유기물을 먹고 산다. 식물성플랑크톤을 동물성플랑크톤인 물벼룩이 잡아먹고, 그 물벼룩을 새우나 게, 작은 물고기가 먹는 먹이사슬이 이어진다. 물벼룩은 먹이사슬에서 제1소비자로 아주 중요한 자리를 차지하고 제 역할을 톡톡히 해 낸다. 늘 말하지만 필요 없이 이 세상에 태어난 생물이 있을 리 없다! 물벼룩은 단백질이나 지방이 많은 탓에 한꺼번에 대량 배양하고 가공하여 물고기나 다른 동물의 먹이로 쓴다. 또 독성 물질에 민감하게 반응하기에 수질 오염 판정에도 쓴다고 한다. 미국에만 해도 150여 종이 알려져 있다 하며, 전 세계의 강물에 널리 분포한다.

◘ 흔하면 풍년 든다는 풍년새우 *Branchinella kugenumaensis*

풍년새우fairy shrimp는 절지동물의 갑각류 중 등딱지가 없는 무갑목無甲目, Anostraca 풍년새우과에 속하며 한마디로 원시 소형 갑각류이다. 작은 새우 꼴을 하며 대부분 민물에 살면서 플랑크톤이나 떠다니는 찌꺼기들을 먹는다. 물벼룩처럼 새각류이며, 부속지인 다리에 아가미가 있는 것이 이 무리의 특이한 점인데 이놈은 난데없이 입 부위에도 아가미가 있다. 1쌍의 눈이 아주 크고 또렷하며 난생으로 역시나 처녀 생식을 한다.

부속지인 가슴다리가 10개이고, 몸길이 1.5~2센티미터로 초여름에 논이나 작은 물웅덩이에 살며 한국, 일본, 중국 일부에 서식한다. 몸은 가느다란 원기둥 모양이고 등딱지는 없다. 이미 이야기했듯이 갑각류는 더듬이가 2쌍인데 제1더듬이는 가늘고 길며, 제2더듬이는 암컷은 이파리 모양, 수컷은 낫 모양이다. 꼬리 끝에 잘 익은 홍시 색깔을 한 가늘고 긴 1쌍의 빨간 꼬리다리가 있으며 체색은 무색투명하거나 연녹색이다. 세상에 둘도 없는 생뚱맞은 특징이 있으니, 심심찮게 등을 위로 향하게 몸을 바로 세우기도 하지만, 검질기게 늘 등을 아래로 하고 다리와 배를 하늘로 둔 채 거꾸로 뒤집어진 상태로 꾸물꾸물 다리를 움직인다. 어쭙잖게도 위를 향하여 반듯이 누워 양팔을 번갈아 회전하여 물을 밀치면서 배영背泳을 하고 있지 않는가. 무슨 사연이 있어 한평생을 드러누워 살까? 세상에 어째 이런 생물이 다 있담? 다 제 입장에서 볼 따름이지만 당최 알다가도 모를 일이다.

풍년새우는 난생하며, 알은 건조한 상태에서도 너끈히 1년을 견딘다고 한다. 논이나 웅덩이에서 주로 발생하며, 녀석들이 많이 보이면 풍년이 든다 하여 그런 이름이 붙었다. 요즘에는 농약을 하도 많이 뿌려서 이미 거덜 나 버려 논에 잘 보이지 않는다고 하는데, 녀석들이 산다는 것은 생태계가 파괴되지 않고 안정적인 먹이 사슬을 이루고 있는 것이다. 있을 것은 다 제자리에 있어야 하는 법.

풍년새우와 꽤나 가까운 무리에 속하는 긴꼬리투구새우 *Triops longicaudatus* 역시 새각류이지만 풍년새우와 달리 등딱지가 있는 배갑목背甲目, Notostraca에 속한다. 긴꼬리투구새우는 바다에 사는 투구게를 닮았으며, 2억 2천만 년이나 묵묵히 지구를 지켜온 생물이라 한다! 화석에서도 발견되는 가장 오래된 살아 있는 화석 생물로 멸종위기야생동식물 2급으로 지정되었다. 납작한 투구 모양의 등딱지가 몸의 3분의 2를 덮고 있으며, 체색은 황갈색 또는 갈색이다. 앞쪽에 1쌍의 눈이 있으며, 몸길이는 3~5센티미터로 일시적으로 생기는 얕은 물웅덩이나 논에 산다. 한국, 중국, 일본, 태평양 연안의 섬과 아메리카 대륙에 분포한다.

다리로 진흙을 휘저어 먹이를 찾는 버릇이 있기에 논에 과잉 발생하는 날에는 벼 뿌리를 상하게 해 애물단지 취급을 받지만 잡초를 없애고 논의 해충을 먹어치우기에 친환경 농법에 사용되기도 한다.

2) 물에 사는 곤충, 수서 곤충류(水棲昆蟲類)

물에 사는 곤충 무리는 크게 둘로 나눈다. 하나는 애벌레 때는 물속에 살다가 어른벌레가 되면 땅 위나 공중으로 올라가 사는 잠자리, 강도래, 날도래, 하루살이 따위이고, 다른 하나는 평생을 물에서 사는 물장군, 물방개, 게아재비, 물자라 들이다. 이것들을 통틀어서 물에 사는 곤충, 즉 '수서 곤충'이라 부르며, 수서 곤충은 다시 노린재반시, 半翅, hemiptera 무리와 딱정벌레갑충, 甲蟲, beetle 무리로 나뉜다. 수서 곤충들은 하나같이 육식성, 야행성으로 낮에는 낙엽이나 물풀에 숨어 지내다가 밤이 되면 기어 나와 먹이를 찾는다.

◘ 막대 모양의 게아재비 *Ranatra chinensis*

게아재비는 절지동물문Arthropoda 곤충강Insecta 노린재목Hemiptera 장구애빗과Nepidae의 수서 곤충으로 우리나라에는 이와 비슷하게 생긴 '방게아재비' 1종이 더 있다. 게아재비를 비롯하여 장구애비, 물장군, 소금쟁이, 물자라, 송장헤엄치게 등 물에 사는 것들과 땅에 사는 노린재 등 '노린내가 나는' 노린재 무리들은 앞날개의 앞부분만 딱딱하고 굳었으며 뒤는 부드러운 막성膜性이라서 이런 '반 딱지날개' 무리를 통틀어 '반시류半翅類, Hemiptera'라고도 하니, 영어 'Hemiptera'의 'hemi'는 반半, 'pteron'은 날개라는 뜻이다. 장구애빗과의 곤충은 지상 생활을 하는 것과 수서 생활을 하는 것이 있으며, 수서 생활하는 것에는 물속에서 생활하는 진수서성眞水棲性, 물 위에서 사는 반수서성半水棲性, 물가에서 생활하는 수변서성水邊棲性 등이 있다. 다 잘 알듯이 물에서 사는 곤충을 수서 곤충 또는 수생 곤충이라 부른다.

장구애빗과 수서 곤충의 큰 특징은 가늘고 긴 호흡관이 있다는 것과 제2, 3, 4배마디 배판에 작은 타원형의 평형 감각 기관을 갖는다는 것이다. 머리는 작고 수평이면서 앞가슴에 파묻혀 있으며, 앞다리는 먹이를 잡는 포획용이요, 2, 3다리는 헤엄치는 데 쓴다. 4번 탈피 후 성충으로 우화羽化, 날개돋이하며, 대체로 성충 상태로 겨울나기를 한다.

게아재비는 늘 물에서 사는 진수서성이고, 작은 머리에 달린 2개의 겹눈은 흑색이며, 더듬이는 3마디이다. 몸길이 4~4.5센티미터로 몸 빛깔은 황갈색 또는 회갈색이다. 몸은 가늘고 긴 원통형이며, 아주 작은 막대 모양으로 동작이 매우 느린 편이다. 게아재비의 유충은 아가미로 숨을 쉬지만 성충은 꼬리 끝에서 길게 뻗어 나온 두 갈래의 긴 숨관으로 호흡을 하는데, 수컷의 호흡관은 몸길이보다 길고 암컷의 것은 몸길이와 거의 같다. 물속에 착 가라앉아 유유자적하다가 가끔 발돋움하여 물 위에 숨관을 내놓아 공기를 들이마시고 다시 잠수한다. 고래가 따로 없구나! 숨이 차면 다시 나와 숨쉬기를 하니 하루에도 여러 번 그 짓을 반복하지 않을 수 없다. 녀석들은 앞다리의 기부基部와 밑 마디를 문질러 소리를 내는 마찰 발음 장치가 있다고 한다. 주로 연못, 저수지, 늪지에 사는데 장구애비보다 깊은 곳에 산다. 위험을 느낄 때는 어김없이 죽은 시늉을 한다. 즉, 의사하는 버릇이 있다.

몸이 가벼워서 잘 날 수 있으며 날기 전에 반드시 물 밖으로 나와 햇빛에 날개를 말린다고 한다. 놈들에게 물에서 숨 쉬는 기관인 아가미 대신 물과 공중을 거침없이 넘나드는 날개가 있는 것을 보니 한때 땅 위에서 떵떵거리며 위풍당당 살다가 세월이 지나면서 어느새 힘들게 풍찬노숙風餐露宿하게 되었고, 어쩔 수 없이 더 살기 좋은 편인 물속으로 이민을 갔다는 짐작을 해 볼 수 있겠다. 고래도 뭍에서 물로 되돌아간 동물로 아가미가 없고 허파로 숨 쉬지 않던가. 사람도 그냥저냥 너무 한자리에 연연하다가는 결코 발전과 진화가 없는 법. 나쁜 것은 과감히 버리고 좋은 것은 재빨리 취하라. 오늘 걷지 않으면 내일은 뛰어야 한다. 박차고 일어나야 할 때는 서슴없이 발동을 걸어 자리를 옮긴다. 구르는 돌은 이끼가 끼지 않는 법이다.

게아재비는 성체 상태로 월동한다. 봄이 오면 수초에 산란하고, 2~4주 후에 부화하며, 유생이 다 자라는 데는 2개월이 걸린다. 수명은 약 4~5년으로 본다. 알에서 깨어난 유충은 번데기를 거치지 않고 바로 성충이 되니, 번데기 시기가 없어서 새끼와 어미의 모양이 비슷한 이런 발생을 불완전 탈바꿈, 또는 직접 발생直接發生이라 한다.

그나저나 게아재비라? 도대체 이 이름이 무슨 뜻이람? 동식물 이름에 '아재비'라는 이름이 꽤 많다. 아재비라는 말은 '아저씨'의 낮춤말이며, 경상도에서는 삼촌이나 당숙오촌을 모두 '아재'라고 하는데 그 아재가 바로 아재비다. 백부나 숙부인 아재는 유전적으로 아주 가까운 DNA를 가지므로 '게아재비'라는 말은 '게를 닮았다'는 뜻이다. 이와 비슷한 이름을 가진 것으로 버마재비'범아재비'를 소리 나는 대로 씀가 있다. 사마귀를 다른 말로 버마재비라 하니, 범을 닮아 아주 무섭고 상대방을 주눅 들게 한다는 의미가 들었다. 한편 동남아시아 국가 중 하나인 '버마'를 우리는 '미얀마'라 부른다. 그래서 일부 무지한 사람들이 버마재비를 '미얀마재비'라고 부른다는데 그 어원을 안다면 얼토당토 않은 일이다. 식물 이름에도 '미나리아재비'라거나 '꿩의다리아재비' 등이 있으니, 생물 이름의 뜻을 알면 한결 그 특성을 알게 되더라. 유사한 의미로 생물 이름 끝에 '도마뱀붙이'처럼 '-붙이'라는 말이 붙으니 역시 닮았다는 것을 뜻한다.

게아재비의 주둥이와 더듬이는 3마디로 되어 있으며 더듬이는 짧고 굵다. 서양 사람들은 사납게 육식한다고 하여 '물사마귀'라거나 '물속 승냥이'라고 하니 '게아재비'라는 이름보다는 훨씬 이 동물의 특징을 살렸다고 보겠다. 게아재비의 앞다리는 사마귀와 같이 기다랗고 날카로운 낫을 닮았으며, 두 다리에는 많은 돌기가 나 있다. 가운뎃다리와 뒷다리는 매우 긴 말라깽이로 전체 꼴이 어찌 보면 익살스럽고, 마른 꼬챙이처럼 멋쩍은 것이 괴짜 티를 낸다. 주로 올챙이, 작은 물고기, 수생 곤충 등을 먹는데, 가만히 물풀 사이에서 숨어 호시탐탐 잔뜩 벼르다가 먹이가 다가오면 이때다, 하고 몸과 긴 앞다리를 불쑥 앞으로 쭉 뻗어 목덜미를 덥석 움켜쥔다. 승강이 벌일 틈도 없이 그만 그렇게 한 생명을 앗아 버린다! 눈썹 하나 까딱 않고 급소를 눌러 잡고 대롱처럼 생긴 주둥이를 몸에 꽂아 침을 집어넣으니 먹잇감을 마취시키는 것은 물론이고 체액을 빨아먹은 후 말끔히 소화시킨다.

◘ 전갈 빼닮은 장구애비 *Laccotrephes japonensis*

장구애비 역시 노린재목 장구애빗과의 수서 곤충으로 몸길이는 3~4센티미터 정도이고, 플라나리아처럼 아래위로 눌려져 납작하며, 전체적으로 좁고 긴 편이다. 머리는 작고 겹눈은 광택 나는 검은색이며, 3마디로 이루어진 더듬이는 매우 작다. 길쭉하고 날렵하게 생긴 3쌍의 다리 중에서 앞다리는 낫 모양의 포획捕獲 다리로 강한 가시가 나 있고, 가운뎃다리와 뒷다리는 헤엄치는 데 쓴다.

몸 색깔은 사는 환경에 따라 회갈색, 흑갈색, 황갈색 등으로 위장僞裝한다. 장구애비가 먹이를 잡으려고 두 앞다리를 뻗어 흔드는 모양이나, 물에서 앞다리를 꺼내 첨벙거리는 꼴이 장구를 치는 모습과 비슷하다고 해서 '장구애비'라는 이름이 붙었다고 한다. 서양 사람들은 먹이를 잡기에 알맞게 생긴 억센 앞다리와 뒤쪽에 튀어나온 돌기가 무시무시한 전갈scorpion을 닮았다 해서 'water scorpion'이라는 별명을 붙였다. 우리는 그들의 행동에 주목했다면 서양 사람들은 생김새에 초점을 두었구나. 이렇게 다 보는 눈과 생각하는 마음이 다르다.

낮에는 물풀이나 낙엽 사이에 몸을 숨기고 있다가 밤이 되면 먹이를 찾아 나서며, 주로 작은 무척추동물을 잡아먹고 살지만 가끔은 작은 물고기, 올챙이를 잡는 수도 있다. 거세고 드센 게아재비처럼 주둥이로 먹이의 몸통을 꿰뚫어 체액을 빨며 다 빨린 먹잇감은 속이 텅 빈 거죽만 남게 된다. 호흡은 꼬리 부위에 있는 돌기인 호흡관으로 하는데, 그것은 실 모양의 반 토막 관 1쌍으로 대통竹筒을 반으로 잘랐다가 두 쪽을 서로 붙이듯, 그 둘을 달라붙이면 하나의 완전한 관이 된다. 유생 때는 기관 형성이 되지 못하여 배에 있는 6쌍의 기문氣門을 통해 숨쉬기를 한다.

정수바닥에 낙엽이나 나뭇가지 등이 있는 고인 강물 지역이나 늪, 연못, 저수지 등지에 서식한다. 월동한 성충은 이른 봄에 물가에 나타나며 4~5월에 물가의 진흙이나 썩어가는 풀, 이끼류, 식물의 줄기, 부패 중인 나무토막 들에 산란한다. 알은 처음에 맑고 투명하다가 하루 정도 지나면 붉은색으로 변하고, 가뿐히 유생 생활을 끝내고 성큼 어른이 되니, 역시 불완전변태를 한다. 한국, 일본, 타이완, 중국, 인도 등 전 세계에 널리 퍼져 산다.

◘ 곡진한 부성애의 소유자인 물장군 *Lethocerus deyrollei*

물장군은 절지동물 곤충강 노린재목 물장군과Belostomatidae의 수생 곤충으로 몸매가 땅에 사는 노린재와 매우 흡사하다. 무엇보다 수컷의 알을 보호하는 습성이 남달라서, 곡진한 부성애父性愛를 가진 동물로는 대표 주자이다. 땅에 살면서 노린내를 풍기는 노린재들도 이런 애비 사랑을 보인다 하니 모양새 닮은 녀석들이 성품도 닮았구나.

물장군은 회갈색 또는 갈색으로 몸길이가 4.8~6.5센티미터나 되며 늪이나 연못 또는 고인 강물에서 산다. 물에 사는 노린재 무리 중에서 가장 큰 덩치를 가졌으니 의당 '물장군giant water bug'이라는 이름이 걸맞다 하겠다. 머리는 몸에 비해 작은 편이며 주둥이는 짧고 크며 눈은 갈색이다. 끝이 예리한 발톱이 달린 앞다리로 먹이를 잡아채는데 작은 물고기나 올챙이, 개구리 등 수생 동물이 다 걸려든다. 가뜩이나 올챙이와 개구리를 주식으로 하기에 '개구리를 보호하는 것이 곧 물장군을 보호하는 길'이라는 말이 옳다. 가운뎃다리와 뒷다리에는 긴 센털이 촘촘히 많이 나 있어서 헤엄칠 적에는 이것들이 꼿꼿이 들고 일어나기에 물을 헤쳐 나가는 데 더없이 이롭다.

물장군 수컷은 암컷이 산란하기 전은 물론이고 산란 중에도 같은 암컷과 연달아 교미하는데 일부러 수컷을 잡아떼어 버리면 암컷은 산란을 멈추고 짝짓기를 기다린다. 산란하면서도 짝짓기를 하는 까닭은 수컷을 알 가까이 머물게 하여 알을 부화케 하기 위함이란다. 암컷은 물 위에 있는 물풀이나 나무 막대기 따위에 70~80개의 알을 무더기로 쏟아 붙여 놓으며, 수컷은 공기 중에 드러난 알이 마르지 않도록 넙죽 알을 깔고 앉거나 물을 제 몸에 묻혀 길어다 축축이 적셔 준다. 뿐만 아니라 포식자들이 달려들면 죽음을 무릅쓰고 몸을 움츠려 알을 꼭 보듬고 억세게 감싼다. 뭍에 사는 노린재 무리들도 비슷한 행위를 하기 일쑤라는데, 본디 같은 조상에서 생겨난 탓에 본성도 다르지 않은가 보다.

맙소사, 천하에 이런 어안이 벙벙하고 기겁할 일이 어디 있나!? 애써 알을 지키고 있는 수컷을 암컷이 쑤석이고 헤살 놓으니 어이없게도 제 뱃속에서 나온 알을 서슴없이 내리 망가뜨리거나 깨뜨려 버리며 갓 난 끌끌한 새끼를 죽여 버리기까지 한단다. 수컷들이 쓸데없이 오랫동안 알을 품어 보살피고만 있다 보면 잇따라 교미해야 하는 암컷이 짝을 찾을 수 없는 데 대한 채근, 즉 일종의 대응 전략으로 생각된다. 무엄하도다. 아비가 뿔났다! 알을 해코지하려고 달려드는 암컷을 수컷이 세차게 할퀴어 다치게 하는 수도 있다고 한다. 모질고 괴팍하고 표독한 어미야, 새삼 나무람 들어도 싸다!

갓 태어난 애벌레는 그 모양이 부모를 빼닮았으며 4번의 허물을 벗고 성충이 된다. 다시 말하면 물장군은 번데기 시기가 없는 불완전 변태를 한다. 최근에는 수질 오염 때문에 세계적으로도 씨가 말라간다 하여 멸종위기야생동식물 2급에 올랐다고 한다.

◘ 물 위의 요정 소금쟁이 *Gerris paludum insularis*

미끄럼 선수가 따로 없고, 성큼성큼 내달리는 하키hockey 선수 저리 가라다. 제 몸의 15배 무게를 등에 얹어도 밑바닥으로 가라앉지 않는다는 요술쟁이, 꾀보 재주꾼 소금쟁이water strider, pond skater다. "땅 짚고 헤엄치기"라더니만, 소금쟁이 너희들은 어이 끄떡없이 물을 땅바닥 삼아 살아간단 말인가!? 우리는 꿈도 꾸지 못할 일을 어찌도!? 물 겉에서만 놀지 절대로 물속으로 들어가지 않는 소금쟁이다.

뱃바닥이 은회백색이라 '소금'이라는 말이 붙고, 물 위에서 팔딱팔딱 날 듯 잘도 뛰기에 겁쟁이, 떼쟁이에 쓰는 '-쟁이'를 붙여 '소금쟁이'라는 이름이 생긴 듯하다. 덧붙여서 '-쟁이'라는 말은 멋쟁이, 고집쟁이 등 성격이나 버릇 따위에 붙이고, '-장이'는 미장이, 대장장이와 같이 기술자에게 붙인다.

소금쟁이는 노린재목 소금쟁잇과Gerridae 곤충으로 우리나라에는 이것 말고도 왕소금쟁이, 애소금쟁이 등 유사한 종이 더 있다. 물 위에만 떠서 사는 대표적인 반수서성으로 연못이나 늪, 냇물 등지에 살며 전형적인 육식성이다. 소금쟁이는 싫증도 안 나는지 한자리에서 온종일 미끄러지듯 뱅글뱅글 맴을 그리며 돌다가는 냅다 뛰다시피 세차게 돌아친다. 더디고 빠르게 움직이다가 가끔은 심심찮게 팔딱팔딱 점프도 하고 뚜벅뚜벅 걷는 등 못하는 재주가 없으니 언필칭 '물위의 요정'이라 하겠다. 혼자서 북 치고 장구 치고 다한다. 그러다가 살아 있는 벌레가 물에 떨어지면 잽싸게 붙잡아 바늘 같은 날카로운 이틀mouthparts로 구멍을 뚫고 즙을 빨아먹는다. 부지런히 돌아친 이유를 이제 알았다. 물 바로 밑에 있는 것도 건져 먹고 죽은 물고기나 다른 곤충도 먹는다. 재미삼아 일부러 물 위에다 잠자리나 파리를 잡아 던져 보면 어느 순간 소금쟁이들이 우르르 몰려든다. 그래서 소금쟁이를 키울 때는 설탕 같은 단것으로 모아 잡은 개미나 꿀벌들을 먹이로 준다. 소금쟁이는 수면의 움직임과 떨림에 매우 예민하기에 먹이가 수면에 떨어지는 것을 정확하게 알아챈다. 그러나 소금쟁이는 몸의 바로 위아래를 잘 감지하지 못해서 새나 물고기에게 자주 잡아먹힌다고 한다.

산뜻하고 깔끔하게 생긴 소금쟁이는 몸의 형태가 원통형이고, 머리가 눈 앞으로 길게 툭 튀어나왔다. 몸 전체에 방수 역할을 하는 털이 촘촘하고 빽빽하게 나 있으며 다리는 몸에 비해 아주 길고, 끝에는 발톱이 붙어 있다. 몸길이는 수컷이 1.1~1.4센티미터, 암컷이 1.3~1.6센티미터로 다른 곤충과 마찬가지로 암컷이 좀 크다. 앞다리는 아주 짧고 뭉툭하며 먹잇감을 잡을 때 사용하고, 발목마디에 잔털이 촘촘히 나 있어서 물 위에서 몸을 떠받친다. 몸길이의 근 2배나 되는 가운뎃다리는 가늘고 길며, 그것을 노처럼 저어서 앞으로 나아간다. 가장 긴 뒷다리는 키rudder 역할을 하여 진행 방향을 잡는다.

몸은 부드러우면서 길고 다리는 검은색이며 머리 정수리나 앞가슴은 갈색이다. 딱딱한 딱지날개는 어두운 색이며, 날개 맥시맥, 翅脈은 검다. 몸의 아랫면은 검은색이고 은회백색의 부드러운 털이 나 있다. 머리는 튀어나왔고, 겹눈은 길게 둥그스름하며 더듬이는 3마디이다. 수컷들은 물 표면에 구애의 파도를 일으켜 암컷을 유인하고 물 위에서 여러 번 짝짓기를 한다. 교미가 끝난 암컷은 진구렁에다 산란하는데 한 해에 2~3번 알을 낳으며, 알에서는 어미와 닮은 애벌레가 부화하여 자라서 성충으로 월동한다.

바람에 가벼운 몸을 날려 멀찌감치 이동하는 수가 있으며, 물에 떠내려가지 않으려고 애써 꾸준히 몸을 움직이거나 펄쩍펄쩍 뜀뛰기하여 한자리에 머물러 든다. 1초에 1.5미터 속도로 움직임이 날쌔다 하며, 날개는 대부분 발달하지 못하여 짧지만 어떤 것은 날개가 길어 썩 발달한 것도 있다. 비가 온 뒤 생긴 작은 웅덩이에 어느새 이것들이 나타나는 것을 보면 날개가 긴 것들은 멀리서 날아온 것이 틀림없으렷다. 노우老友 부경대학교 노상철 명예교수 말마따나 '소금쟁이를 잡아 보면 수박 냄새가 나는'데…. 소금쟁이와 가까이 지내 보지 않으면 영 놓치기 쉬운 일이라 하겠다.

소금쟁이가 물 위를 자유자재로 떠다닐 수 있는 것은 뭐니 뭐니 해도 몸이 가벼워서다. 체중이 약 40밀리그램인데다가, 다리의 잔털에는 몸에서 분비된 기름이 가득 묻어 있어 물을 밀어낸다. 또 털과 털 사이에 작은 공기방울이 들어차 있어서 물에 뜨는 힘을 더해 준다. 그런데 요새 설명은 다르다. 소금쟁이가 물 위를 자유롭게 걷거나 연꽃잎이 흙탕물 속에서도 아름답고 깨끗한 모습을 유지하는 비밀은 눈에 보이지 않는 나노nano 구조 덕분인데, 발바닥이나 잎 표면에 미세한 돌기가 빽빽하게 돋아나 있고 이들이 물을 튕겨내는 것이라는 얘기다. 물이란 잘 젖는 물체가 닿으면 안으로 끌어당기려 하고, 물에 젖지 않는 물체는 밖으로 밀쳐 내는 성질이 있으니 그것을 물의 '표면 장력表面張力'이라 하는 것. 결국 소금쟁이가 잘 뜨는 것은 물의 표면 장력 때문이다. 비가 오는 날에는 빗방울이 물 표면을 때려서 표면 장력이 줄어드니 물에 빠지지 않기 위해 팔짝 팔짝 뛰는 것임을 알자.

"섶을 지고 불로 든다."는 말은 무모하거나 위험을 자초하는 짓을 말하지 않는가. 인간들이 막무가내로 그 짓을 한다. 기름기가 돌거나 세제가 녹은 물에서는 소금쟁이가 선불리 몸을 가누지 못하고 그만 퐁당 가라앉아 버리기 십상이다. 이것은 무엇을 뜻하는가. 워낙 표면 장력이 약해서 아무리 뛰고 굴려도 소용없이 꼬꾸라지고 만다. 소금쟁이도 또한 중뿔나지 못해 죽도록 꺼리는 환경오염 탓에 이미 걷잡을 수 없이 피붙이가 급감했다고 한다. 이러다가 아예 천덕꾸러기 인간들만 남기고 몽땅 다 지구를 영영 떠나는 건 아닌지 모르겠다. 어쩌지? 맹추 같은 인간들아, 너만 잘살겠다고 눈에 쌍불 켜고 아등바등거리지 말지어다. 함께 가자구나!

◘ 등에 알을 지는 '알지게' 물자라 *Muljarus japonicus*

물자라는 파충류 자랏과에 속하는 민물자라를 닮았다고 하여 '물자라'라 부르며, 노린재목 물장군과의 곤충이다. 속명이 'Muljarus'인데, 그 내력을 알 길이 없어 무척 아쉽지만 '물자루스Muljarus'와 '물자라Muljara'가 어떤 연관이 있는 듯하다. 물에 사는 노린재 무리는 모두가 육식을 하며 '깨무는 입'이 아니라 '빠는 입'으로, 잡은 동물의 몸에 바늘과 같은 입을 꽂아 체액을 빤다. 풀밭이나 밭에 사는 노린재 무리도 한통속이라 식물의 줄기나 잎에다 입을 찔러서 수액을 빤다. 사냥감에 소화액을 넣어 육즙을 녹여 먹는다는 말이 더 정확할지 모르겠다. 물에 사는 노린재 무리는 모두 원래 물에 살았는데 땅으로 상륙했다가 살기 힘들어서 다시 본래의 물로 돌아온 터라 '재적응再適應'이라는 말을 쓴다.

물자라의 몸길이는 1.7~2센티미터쯤 되며 체색은 황갈색 또는 담갈색흐린 갈색이고 몸은 납작한 타원형이라서 민물자라를 영락없이 쏙 빼닮았다. "자라 보고 놀란 가슴 솥뚜껑 보고 놀란다."는 그 자라 말이다. 물자라의 머리는 짧고 넓은 세모꼴로 앞쪽으로 튀어나와 있으며 번쩍이는 겹눈이 있다. 앞다리는 풀 베는 예리한 낫을 닮아 작은 물고기도 한번 걸려들었다 하면 맥을 추지 못하며 가운뎃다리와 뒷다리는 헤엄다리로 종아리마디에 잔털이 한 방향으로 촘촘히 나 있다. 꼬리 끝에 자유롭게 늘었다 줄었다 하는 호흡관이 있으며, 성충은 물방개처럼 밤에 날개를 펼치고 가뿐히 날아가기도 한다. 참고로 바다에 사는 거북이는 영어로 'turtle'이라 쓰며, 민물에 사는 자라나 자라보다 더 작은 남생이는 'tortoise'로 쓴다.

물에 사는 다른 노린재 무리들도 그렇지만, 이놈 역시 뭍에 살았던 놈이라 아가미가 없기에 꼬리 끝에 삐죽 나와 있는 꽁무니를 내놓고 공기를 들이마신다. 결국 성체는 주기적으로 물 위를 오르내리지 않을 수 없다. 그러므로 만일에 개숫물이나 폐수, 석유 따위의 기름이 섞인 물이 걷잡을 수 없이 흘러들면 물 위에 기름막이 생겨서 물고기나 조개는 말할 것도 없고 애꿎은 물자라도 여지없이 숨통이 막혀 죽고 만다.

바늘 같은 입과 낫 닮은 앞다리를 갖춘 물자라는 물 밑에서 꼼짝 않고 가만히 웅크리고 있다가 새우나 가재, 물고기, 올챙이 들을 닥치는 대로 낚아채 날선 주둥이를 집어넣어 강력한 소화액으로 먹이의 살을 녹이니 알차게도 액즙을 빤다. 세상만사 다 그렇듯 잡아먹기만 하는 것이 아니라 잡아먹히기도 하니, 포식자나 사람을 만나면 죽은 척 움츠리면서 항문에서 지독한 독액을 분비한다. 앞의 물장군도 알을 지키고 물을 적셔 뿌려주는 곡진한 부성애를 가진 동물이라 했다. 그런데 그것은 유치하고 초라한 어린애 장난에 지나지 않는다. 세상에 어디, 물자라의 부성애를 넘볼 자 있단 말인가.

잘 먹어야 건강한 알을 낳는 것이요, 건강한 알에서 출중하고 튼실한 새끼가 나오는 것! 초봄에 한껏 살을 찌운 암컷이 알을 낳을 때가 되었다. 5~6월경에 수컷은 암컷을 꼬드기기 위해 은근슬쩍 짬짬이 물 등을 톡톡 쳐서 물결을 일으키거나 뜬금없이 선뜻 저음의 소리를 내기도 한다. 이제 찰떡궁합 짝을 만났다. 암컷은 알을 낳기 전에 여러 번 교미를 한다. 뿐만 아니라 알 1~4개를 낳고 교미하고, 또 알 낳고 교미하기를 30~50분 동안에 30여 번 반복하여 100여 개나 되는 한 무더기 알을 낳는다. 이런 괴이한 행동은 앞서 물장군에서 이야기한 것처럼 수컷을 알 가까이에 자리 잡게 묶어 두기 위한 작전일 터다.

사실 물자라 수컷은 새끼를 위해 시간과 에너지를 썩 많이 투자한다. 알 낳을 조짐을 금방 알아차린 수컷은 진땀을 흘리면서 암컷 앞에 넙적 엎드려 너럭바위만 한 등을 내민다. "당신, 내 널찍한 등짝에다 어서 알을 낳아 주시구려."하고 너스레 떨면서 머리를 고분고분 조아린다. 짐바리가 따로 없다. 이렇게 하여 상전上典인 어미는 지름이 2밀리미터가량 되는 꽤 크고 새하얀 알 100~150여 개를 아비의 등에다 다닥다닥 가지런히 달라붙인다. 하여, 북한에서는 물자라를 짓궂게도 '알지게알을 지는 놈'라 부른다나. 알을 넓적한 등판에 얹어 지고 있는 수컷은 신경질적이 되고 사나워지면서 더 이상 짝짓기를 하지 않고, 식음을 전폐하다 보니 기운을 차리지 못하고 몰골이 추레해진다. 아닌 게 아니라 정말로 괴짜가 많은 즐거운 세상! 이들의 색다른 습성에 어리둥절할 따름이다!

드디어 수컷은 알을 짊어지고 물속으로 든다. 가끔 물에서 떠올라 알 덩어리만 살짝살짝 물 밖으로 쏙쏙 내밀기를 되풀이한다. 알이란 알은 어느 것이나 산소가 넉넉해야 하고, 온도가 따뜻해야 빨리 영글고 익어서 깨는 법. 산소뿐만 아니라 자외선을 자주 받게 하여 알에 곰팡이가 피는 것을 막으니 멋들어진 일광욕인 셈이다. 사실 이런 하등한 동물 중 수컷이 알을 정성껏 보살피고 돌보는 종은 썩 드물다. 외국의 개구리 중에는 수컷이 올챙이를 등에다 업고 다니는 종도 있고, 해마海馬 수컷이 배의 보육 주머니에 알을 넣어 키우는 수도 있지만 그들은 고등한 척추동물이 아닌가? 세상에 곤충이란 미물이 이렇게 제 자식을 아낀다니! 죽었다 깨나도 물자라 근처에 못 가는 사람의 아비도 흔하고 흔하니 어질기 그지없는 물자라에게 한 수 배울지어다. 버겁고 힘겨운 어려움이 따르더라도 네 자식, 네 유전인자를 끔찍이 아끼고 사랑하라.

알은 보통 3주 후면 부화를 한다. 대뜸 갈급해진 수컷은 이제 더욱 긴장의 끈을 꽉 조인다. 알에서 새끼가 깨어날 때가 되었으니 말이다. 부화할 기미가 보이면 애비는 서둘러 물풀이 있는 물 위로 몸을 한껏 내민다. 아직 날개만 안 났을 뿐 부모를 빼닮은 애벌레, 약충若蟲이 알에서 슬슬 기어 나와 몸을 불린 다음에 물속으로 서둘러 헤엄쳐 들어간다. "고맙습니다! 아빠, 안녕히 계셔요!"하고 제 살길을 찾아 떠난다. 부여잡고 가지 말라 애원해도 어차피 솔가하여 떠나야 할 자식들인걸……, 날씨와 젊은이의 앞날은 아무도 모른다고 하지만, 주저 말고 가서 네 삶을 펼쳐라. 위대한 아버지가 따로 없도다. 물자라 너야말로 이승에서 가장 훌륭한 아버지다!

타이 같은 나라에서는 물자라를 서슴없이 즐겨 먹는다고 하는데, 이것들을 잡기 위해 커다란 덫을 연못에 띄워 놓고, 거기에다 검은 불빛을 켜 두어 놈들을 끌어 모은다. 근래 와서 우리나라에도 물자라를 키우는 어린이들이 부쩍 늘었다고 한다.

◘ 배영 선수 송장헤엄치게 *Notonecta triguttata*

송장헤엄치게는 노린재목 송장헤엄치게과Notonectidae의 곤충으로 어지럽고 힘겹게도 등을 밑으로, 배腹를 위로 뒤집어 하늘을 보면서 헤엄친다. 몸에서 지린 냄새가 나며, 배에 바람 든 시체가 강물에 떠내려가듯 하늘을 쳐다보고 누워 헤엄을 친다 하여 '송장헤엄치게'라는 이름이 붙었다. 서양 사람들은 배영背泳을 하는 수영 선수를 닮았다 하여 'back swimmer', 영국에서는 'boatman'이라 부른다. 물론 똑바로도 헤엄을 잘 친다.

몸길이 1~1.4센티미터의 소형 곤충으로 육식성이고 진수성이다. 체색은 녹색을 띤 황갈색이고, 원통형으로 길며 등이 매끈한 것이 볼록하다. 머리는 짧고, 겹눈은 크고, 주둥이는 짧고 크며 더듬이는 4마디이다. 뒷다리는 제일 길고 노 모양을 하고 있는데 긴 털이 열列 지어 많이 나 있으며 그것을 움직여 헤엄친다.

저수지나 늪 등 물이 고인 곳에 살며 풍년새우도 그랬듯이 유충과 성충 모두 뒤집어진 채로 움직인다. 등이 은빛을 내는데 그것은 날개 밑에 공기를 담은 탓이다. 수면에 올라올 때마다 새로운 공기를 채우고 날개 밑에 든 공기방울로 호흡도 하는데, 그것이 부력을 크게 해 몸을 가볍게 뜨게 한다. 그런 주제에 잘 날 수 있어서 서식처를 제 맘대로 옮긴다고 한다. 어린 물고기나 올챙이, 물 위에 떨어진 곤충류 등을 날카로운 발톱이 붙어 있는 앞다리로 잡는다. 모르고 맨손으로 녀석들을 잡다가 주둥이에 찔리면 따끔하다고 하니 깜냥에 미치지 못하는 꼬마라고 자칫 얕보지 말 것이다.

앞에 나온 물자라는 물 밑에서 보면 밑으로 드러누운 등이 은빛 밝은 색깔이라 수면이나 하늘과 구별하기 어렵고, 위에서 보면 배 바닥이 짙은 탓에 물밑 바닥과 구분이 잘 되지 않는다. 동물이 피신하는 한 방법인데 '그림자로 덮어서 몸을 방어' 한다는 의미로 '방어피음防禦被陰'이라 하며, 일종의 남다른 위장 방법이다. 대부분의 동물체가 햇빛에 노출된 등짝은 어두운 색이고 반대로 그늘진 배때기는 밝은 색을 띠는 현상을 '세이어 법칙Thayer's law'이라 한다. 그래서 이야기의 주인공인 송장헤엄치게를 포함하여 상어 등의 어류, 펭귄 따위의 조류, 사슴, 다람쥐 같은 것들은 죄다 위에서 내려다보면 어두운 등 색이 아래의 흐릿한 흙 색 또는 물 색과 비슷하고, 아래에서 치켜보면 밝은 배의 색이 위에서 비치는 빛살과 비슷하여 서로 혼돈이 일어나 구분이 되지 않는다. 이런 기찬 보호색으로 거세게 대드는 천적에게 잡아먹히지 않으니 멋진 적응이 아니고 뭐란 말인가! 예를 들어 등푸른생선인 고등어의 등과 배의 색을 한번 비교해 볼 것이다. 아하, 그래 그렇구나! 게다가 애초에 등짝이 검어서 마냥 센 자외선을 틀어막기도 한다니 일거양득인 셈이다.

◘ 폴크스바겐 비틀, 물방개 *Cybister japonicus*

물방개는 딱정벌레목甲蟲目, Coleoptera 물방갯과Dytiscidae의 수생 곤충이다. 몸길이 3.5~4센티미터 정도로 또래들 중에서는 제법 큰 축에 들며, 안쪽 날개는 부드러운 막질膜質이지만 바깥에 아주 딱딱한 딱지날개를 갖는 딱정벌레의 일종이다. 연못이나 늪, 강에 살다가도 다른 곳으로 이동할 때는 그 옛날 땅에 살던 실력을 발휘하여 공중을 잘도 난다. 물에서 살면서도 도통 아가미라는 호흡 기관을 갖지 않은 동물들은 하나같이 한때 뭍에 살다가 물로 다시 삶터를 옮긴 것들이다. 그래서 물방개는 물론이고 고래, 바다사자, 물개 들도 모두 숨관이나 허파로 공기 호흡을 한다. 물방갯과를 뜻하는 'Dytiscidae'는 그리스 어인 'dytikos'에서 왔으며 '잠수할 수 있는'이라는 의미라 한다. 아쉽게도 우리말 '방개'는 아무리 찾아도 알맞은 어원을 찾지 못하였다.

물방개를 그냥 '방개'라 부르기도 하며, 여름밤 호롱 불빛에 휙 날아들어 방바닥에 툭, 툭 떨어져 드러눕는 놈이 있으니 잡아 보면 물방개다. 막상 덥석 잡은 손에서는 고약한 냄새가 가득 나니 눈여겨 자세히 들어다보면 입에서 희뿌연 액을 한가득 내놓는다. 그것이 제 몸을 방어하는 물질임에 반론의 여지가 없다. 냄새를 풍기지 않는 생물은 없으니, 식물들까지도 나름대로 다 다른 특유의 냄새를 내지 않던가. 특히 진한 향을 뿜는 '허브'라는 이름의 식물들은 가만히 두면 아무 냄새도 나지 않으나 손으로 슬쩍 건드리거나 문지르면 홀연히 향을 풍긴다. 자기를 갉아 먹는 해충이 온 것으로 알고 쫓아 버리기 위해 그들이 꺼리는 화학 물질을 쏟아붓기 때문이다.

"가난은 진리에 가깝다."는 말을 아는가? 냄새에 아랑곳 않고, 어릴 적에 그놈을 잡아 지체 없이 숯불에 구워 먹었다. 단백질이 턱없이 부족한 우리들에게는 맛있는 먹잇감 벌레였으니……. 모르긴 해도 꽤 먹었었는데, 달착지근한 것이 구수했다. 허긴 물방개를 우리만 먹나. 언제부턴지 몰라도 물방개를 여러 나라에서 식용하니, 멕시코에서는 소금 쳐서 튀겨 타코 tacos, 밀가루나 옥수수 가루 반죽을 살짝 구워 만든 얇은 빵에 싸서 먹으며, 타이완, 타이, 일본이나 중국에서도 튀겨 먹는다고 한다. 영양가 분석을 해 놓은 것을 보면, 단백질 35.18퍼센트, 지방 6.20퍼센트와 여러 무기 염류minerals 들이 들었다고 한다. 이것뿐만 아니라 매미나 바퀴벌레, 다른 곤충의 유충 등을 여러 나라에서 튀겨 먹는다는 것을 독자들도 알고 있을 것이다. 그러고 보니 새나 포유류, 사람들이 물방개의 천적이로다.

물방개는 타원형이요, 날씬한 유선형流線型이라 공기나 물의 저항을 줄이기에 알맞은 구조다. 독일 폴크스바겐Volkswagen 사에서 만드는 앞뒤 구별이 안 되는 '폴크스바겐 비틀Volkswagen Beetle'이라는 이름의 차가 무당벌레 또는 물방개의 모양새를 닮지 않았던가?

물방개는 등짝이 반짝거리면서 미끈한 것이 물에 살 때는 초록색에 가까우나 잡아 보면 검은색에 가깝다. 긴 털 모양의 더듬이를 가지며 덩치에 비해서 턱의 힘이 아주 세고, 씹는 입이며, 낫 꼴을 한 아래턱을 가지고 있다. 물방개는 앞다리로 암수를 구별할 수 있으니, 두 앞다리 끝에 넓적한 빨판이 있으면 수컷이고 없으면 암컷이다. 그 털북숭이 빨판은 짝짓기를 위해 수컷이 암컷의 등짝에 딱 달라붙을 때 쓰는 도구이다. 수컷의 등은 매끈매끈하고 광택이 나는 반면 암컷의 등에는 매우 가는 홈이 파여 있어 거친 편이다.

이 곤충은 번데기 시기를 거치는 갖춘탈바꿈완전 변태을 한다. 교미를 끝낸 암컷은 보통 30개 정도의 알을 물풀의 줄기에다 붙이며, 유충은 허물을 여러 번 벗으면서 자라는데 턱이 워낙 발달하여 서양에서는 '물범water tigers'이라는 별명이 붙었다고 한다. 어미와 완전히 다른 기다란 벌레 모양의 유생은 길이가 1~5센티미터에 달하며, 초승달 꼴의 긴 꼬리는 가는 털로 덮였다. 배에 6개의 다리가 뻗었으며 거기에도 가는 털이 많이 났다. 머리는 납작하면서 사각형에 가깝고 1쌍의 집게발이 있다. 유생은 다 자랐다 싶으면 물에서 땅으로 올라와서 진흙 더미를 파고들어 번데기로 바뀐다. 이렇게 애벌레에서 번데기가 되는 데는 약 5일, 번데기에서 어른벌레가 되는 데는 10여 일이 걸린다. 드디어 번데기 안에서 구부러진 다리를 쭉 버티고 오그라져 있던 날개를 짝 펴면서 날개돋이를 하여 어른벌레가 된다. 몸 껍질이 단단히 굳어질 때까지 2~3일 더 땅바닥에 머물다가 이윽고 물속으로 들어간다. 어미가 살던 고향의 품으로 귀향하는 것이다!

물방개의 수명은 1년이라고 하며, 성충과 유충 모두 육식성으로 제 1, 2령 유충은 잠자리 등의 유충을 먹고 3령이 되면 올챙이 등의 척추동물을 잡아먹기 시작한다. 성충은 실지렁이, 가재 등 무척추동물은 물론이고 올챙이, 송사리 같은 척추동물도 가리지 않고 습격한다고 한다. 참고로 '령齡'이란 곤충에서 탈피와 탈피의 중간 단계를 말하는 것으로, 예를 들어 알에서 나와 1회 탈피를 할 때까지를 제1령, 2회 탈피를 할 때까지를 제2령이라고 한다.

물방개는 뛰어난 수영 선수라 '드라이빙 비틀diving beetle'이라 부른다. 물방개의 다리는 모두 배 젓는 노를 닮았고, 거기에는 센털이 붙어 있어서 힘차게 저을 수 있다. 그리고 앞에서 말했듯이 물방개는 물에 살지만 아가미가 없어 공기 호흡을 하지 않을 수 없다. 그래서 꽁무니 끝에 있는 뾰족한 2개의 숨관을 물 밖에 내놓아 공기를 빨아들이고, 그렇게 가끔 빨아들인 공기를 날개와 배 사이의 틈에 저장한다. 또 밖에 나왔다가는 물에 들어가기 전에 날개 밑 주머니에도 공기를 모아 넣으니 그것이 숨구멍을 통해 몸속으로 들어간다. 물방개 속屬에는 물방개 말고도 공기방울을 꽁무니에 달고 다니는 애물방개 *C. tripunctatus orientalis*, 검정물방개 *C. brevis*도 있다. 여기 두 학명에서 C.는 이들의 속명인 'Cybister'를 약자로 줄인 것이다. '같은 속명이 연이어 두 번 이상 나오면 두 번째부터는 일제히 약자로 쓴다.'는 생물 명명 규약에 따른 것으로 반드시 따라야 할 약속이다. 아시아가 원산지로 세계적으로 4000여 종이 있다 한다. 물방개만도 4000종? 하긴 이승은 곤충 세상이 아니던가!

◘ 사팔뜨기 물맴이 *Gyrinus japonicus*

물맴이의 속명인 'Gyrinus'와 가까운 영어 'gyration'은 '선회', '회전'의 뜻이요, 물론 'japonicus'는 'Japan'이라는 의미다. 물맴이는 딱정벌레목 물맴이과Gyrinidae의 곤충이다. 몸길이 6~7.5밀리미터 크기의 소형 곤충이며, 논이나 연못의 물 위에서 떼 지어 놀다가 불현듯 위험한 일이 생겼다 싶으면 물 위를 맴맴, 뱅글뱅글 회전목마처럼 선회하기에 물맴이라 부른다. '맴'이란 제자리에 서서 뱅뱅 도는 어린이들의 장난을 일컫는 말로, 너나 할 것 없이 한참 돌다가 비틀거리면서 옆으로 쓰러져 엎어지곤 하지 않았던가? 그러면서도 맴을 계속하는 것이 개구쟁이 아이들이다! 늙으면 서럽게도 개미 쳇바퀴 돌 듯 오고 가지도 못하고 한군데에서 맴만 도는 인생살이를 하게 되고, 왕왕 인사치레로 안부를 묻던 전화도 아예 뜸해지고 만다. 어느새 구닥다리가 되어 섬길 어른이 없어졌다는 것이 가장 서글프고 처량한 일이라고 하는데……. 모름지기 깨어 있어라! 부처께서는 "제행무상 불방일 정진諸行無常 不放逸 精進, 모든 것은 부질없고 덧없으니 게으르지 말고 부지런히 정진하라!"고 말씀하시고 열반에 드셨다고 하지.

물맴이는 맴맴 돌다가 포식자가 나타나면 재빨리 물속으로 숨는데, 가운뎃다리와 뒷다리에는 털이 나 있어 이를 움직여 헤엄친다. 또 특이한 것은 두 눈 중 한쪽 눈은 위쪽인 수면이나 공중을 보고 다른 눈은 아래쪽인 물속을 본다고 한다. 그럴 수도 있는 건가? 비아냥거리거나 남의 허물을 말하자는 것이 아니다. 두 눈알이 제자리에 박히지 않으면 그것을 사팔뜨기라 하지 않는가. 물맴이의 눈, 박장대소拍掌大笑감임에 틀림없다.

또 다른 특징은 반드시 떼를 짓는 버릇이 있다는 것. 물고기나 새들이 무리를 짓는 이유가 그렇듯, 여럿이 함께 있기에 천적을 발견하기 쉽고 암수가 짝짓기를 할 때도 서로 만나기 수월하다는 장점이 있다. 그래서 더군다나 약한 동물은 어느 것이나 떼거리를 짓는 법. 철새들이 날아갈 때 줄을 맞춰 가듯이 물맴이도 흐르는 물에서 열을 지어 방향을 잡으니 뒤에 서는 놈들은 물의 저항을 덜 받는다는 이점이 있다. 헌데 식탐하거나 배가 고픈 녀석들은 이따금 무리 밖으로 나가서 먹이를 찾는 수가 있는데, 아무래도 그것들은 포식자들에게 고스란히 잡아먹힐 위험성이 크다. 그런데도 용감하게 수컷들 거의가 다 집단 밖 테두리에서 노닥거리고 있다 한다.

"용감한 자만이 아름다운 짝을 차지한다."고 하면 들은 척도 않고 싱겁게 씩 웃을지 모른다. 여기 송사릿과에 속하는 열대어 거피guppy 수컷의 만용(?)을 보자. 여러 마리 거피가 들어 있는 큰 어항에 덩치 큰 포식자를 집어넣어 보았다. 그때 피식자인 거피의 반응이 매우 흥미롭다. 일단 큰 덩치에 잘생기고 볼 일이다. 잠깐 술렁거리더니만, 또래들 중에서 몸집이 크고 빛깔이 아주 밝은 대장 놈이 대뜸 촐랑거리며 앞서 나가 포식자와 당당히 맞서더라고 한다. 다른 놈들은 구시렁거리기만 하면서 감히 엄두도 못 내는데 말이지. 그러기에 그놈이 대장 짓을 하는 것이고, 암컷들이 잘 보이겠다고 얼렁대는 그놈을 마다 않고 달갑게 따르고 제 짝으로 간택하는 것은 뻔하다. 그런데, 주변에 암컷을 모두 없애 버리고 포식자를 넣었을 때는? 그 까불던 약삭빠른 대장 거피 놈이 앞서 나서지 않고 슬금슬금 꼬리를 감추고 피하기 바빴다고 한다. 보라, 물고기 수컷들도 암컷을 차지하기 위해 하나뿐인 고귀한 생명을 걸고 있지 않는가. 당신은 그럴 자신 있는가?

물맴이 이야기가 끝막음에 왔다. 딱지날개와 배의 등판 사이에 넓은 공간이 있어 거기에 공기를 저장하여 호흡하는데, 거기에 넣어 둔 공기방울은 가볍게 몸을 뜨게 하여 오랫동안 헤엄치는 데 도움을 준다. 한국의 중부와 제주, 일본, 타이완, 중국 등지에 분포하며 세계적으로 700여 종이 있다 한다.

◘ '큰 모기'라 불리는 검정날개각다귀 *Eriocera lygrois*

곤충강Insecta 파리목Diptera 각다귓과Tipulidae의 곤충으로 머리가슴, 배가 홀쭉하고 호리호리한 것이 매우 날씬하고 가냘프다. 가느다란 몸집 때문에 서양에서는 'daddy-long-legs'라 부르고, 늘씬한 학鶴을 닮았다 하여 'crane fly'라고도 한다. 학 닮은 것이 또 있으니 높은 건물을 짓는 데 쓰는 크레인crane, 즉 기중기다. 사람들이 이름 하나는 잘도 붙인다! '남의 것을 뜯어 먹고 사는 사람'을 비유하여 '각다귀'라 하니 우리말로는 그렇게 좋은 의미가 아닌 듯하다. 실제로 사람을 물거나 다치게 하지도 않기에 각다귀 입장에서 보면 엄청 억울하다 하겠다. 한국에는 검정날개각다귀를 비롯해 상제각다귀속, 대모각다귀속, 모기각다귀속 등 17속 28종이 있다 하고, 세계적으로 4256종이 알려졌으며, 파리 무리쌍시류 중에서 각다귀가 가장 많은 종을 차지한다고 한다.

우리나라의 검정날개각다귀는 '꾸정모기'라고 부르기도 한다. 보통 몸길이 약 1.9센티미터, 앞날개 길이 약 1.9센티미터이며, 열대 지방의 것 중에는 몸길이가 10센티미터나 되는 것이 있다 하니 왕잠자리만 하겠다. 다시 말하지만 열대 지방으로 갈수록 정온 동물조류와 포유류의 덩치는 작아지는 데 비해 변온 동물들은 몸피가 커지고 색깔도 몹시 진해진다. 사람만 해도 더운 지방의 사람들은 검고 몸집이 빼빼한 것이 고만고만한데 북쪽 사람들은 살찌고 큰 말馬만 하다.

검정날개각다귀의 체색은 검은색이고, 날개는 무척 크고 반투명하며 숫제 날개 없는 종도 있다 한다. 다리에는 센털이 나 있고, 겹눈 2개는 있어도 홑눈은 없다. "그 나물에 그 밥"이라고 이들은 하나같이 모기와 비슷하게 생겼지만 모기만큼 잘 날지 못하고, 모기보다 터무니없이 커서 '대문大蚊'이라 부른다. 암컷의 갸름한 배에는 알이 들어서 수컷과 비교하면 불룩해 보인다. 암컷의 꼬리 끝에는 침을 닮은 산란관이 있으며, 암수 교미기는 배 끝에 있어서 180도로 뒤틀린 상태에서 짝짓기를 한다.

성충은 어눌하게 천천히 날며 숲이나 풀밭, 물가에 많다. 언뜻 보면 모기를 닮았지만 입에 찌르는 침이 없어 사람이나 동물을 물지 않으며, 날개 위에 비늘이 없는 것 또한 모기와 다르다. 몸에 달라붙으면 언뜻 모기인 줄 알고 뜨악한 표정으로 놀라 자빠지지만 단지 날파리일 뿐. 성체는 꽃물을 먹거나 전혀 먹지 않는 것이 대부분이며, 고작 며칠 살면서 다른 곤충 무리들처럼 짝짓기하고 죽기에 바쁘다. 기꺼이 스러질 날만 세고 있는 꼴이다. 앉아 쉴 때는 날개를 쭉 펴는데 그때 보면 뒷날개가 퇴화한 평형간이 썩 잘 보인다. 이 평형간은 파리 무리 중에서 가장 큰 것이다. 다른 쌍시류에 비해 날개가 약해서 잘 날지 못하고 뒤뚱거리며 쉽게 손으로 잡을 수 있는데, 그때 다리가 부스러지듯 쉽게 떨어져 나가는 수가 있다. 결연히 다리만 떼 주고 도망가겠다는 자절自切 본능을 발현해 보지만 잠자리나 제비 등 많은 새들의 먹이가 된다.

각다귀 유충은 그 생태가 거의 밝혀지지 않았다고 한다. 알은 축축한 땅에 낳으며 알 상태로 2주일쯤 머물다가 유충이 되고, 유충은 4령을 거친 다음 5~12일간 번데기가 되었다가 우화하고 성충이 된다. 각다귀의 유생은 집파리가 그렇듯이 어미와는 완전히 다르게 구더기 모양을 하는데 이것들은 잔디 뿌리를 먹어치워 잔디밭에 해를 끼치는 해충이다. 애벌레는 습기가 많은 밭, 흙에 사는데 수서종도 있으며, 유생은 부패 중인 낙엽 등의 유기물을 먹어 흔쾌히 청소부 역할을 한다.

◘ 역한 냄새 풍기는 깔따구 *Chironomus plumosus*

깔따구는 곤충강 파리목 깔따굿과Chironomidae의 곤충으로 몸길이는 1.1센티미터 정도이다. 가늘고 긴 갈색 다리에 체색은 엷은 갈색이며, 각다귀의 반 토막 크기로 아주 작으면서 역시 모기를 빼닮았다. 서로 긴가민가할 정도니 막역한 사이라 해 두자. 그러나 각다귀들이 그렇듯 날개에 비늘이 없으며 입이 발달하지 않았다. 이른 봄부터 나타나고, 흔히 해질녘에 서둘러 짝짓기 하느라 무리지어 공중을 난다. 수컷은 털이 많이 난 더듬이를 가지지만 암컷의 더듬이는 미끈하고 윤이 난다. 각각의 배마디 끝에는 검은 갈색의 띠가 있고 입이 완전히 퇴화되어 물지 않을뿐더러 아무것도 먹지 않는다. 다만 식음을 전폐하고 자식 만들기에 온 힘을 쏟을 뿐이다. 각다귀나 깔따구처럼 몸에 비늘이 없는 곤충들은 하나같이 알록달록하지 못하고 색깔이 가뭇한 것이 어둡고 칙칙하다.

깔따구 성충은 새들과 물고기들의 먹이가 된다는 점에서 무시할 수 없는 생물임에 틀림없다. 물고기를 홀리기 위해 깔따구 성충을 모방해서 만든 루어lure는 낚시꾼들에겐 둘도 없이 중요한 물건이다. 그런데 그 끔찍하고 꺼림칙한 것이 떼거리로 북적북적 많이 나타나는 날에는 누구나 놈들의 등쌀에 어안이 벙벙해지면서 어찌할 바를 모르게 된다. 막무가내로 사방에 온통 똥을 싸서 건물의 벽을 더럽히며, 눈雪처럼 더께로 널려 쌓인 시체들에서 역한 냄새를 내뿜어 속을 메슥거리게 하고 알레르기 반응을 일으키기도 한다.

암컷이 낳은 알 덩어리는 물 밑으로 가라앉는다. 부화한 알은 비로소 유생이 되어 부식하는 유기물이나 조류를 먹고 자란다. 유생 키로노무스chironomus의 몸길이는 약 1센티미터이고 머리가 곧으며, 제일 큰 특징은 몸이 아주 붉다는 것이다. 아주 더러운 오물이나 수챗구멍 등에 살기에 산소와의 결합력을 높이기 위해 헤모글로빈과 유사한 호흡 색소를 갖고 있기 때문이다. 그래서 'blood worms'이라 부르며, 산소를 붙들기 위해 몸을 쉬지 않고 꿈틀거린다. 유생은 수서 곤충과 물고기, 올챙이 들의 중요한 먹이가 되며, 앙증맞은 번데기가 되어 떼거리로 물에 떠내려가니 급기야 연어나 숭어 들의 밥이 된다.

깔따구는 지역의 환경 조건이나 오염 정도를 가늠할 수 있는 지표 동물로 아주 더러운 물인 4급수라야 잘 산다. 저런, 세상에 가뜩이나 깨끗한 물에서 살지 못하면서 기필코 더러운 물에만 사는 생물도 있었다? 그렇다. 물이 너무 맑으면 오히려 물고기가 없고水至淸則無魚 사람도 너무 자자하게 살피면 친구가 없다人至察則無徒고 하였다. 길이 멀어야 말의 힘을 그제야 알고路遙知馬力 오래 지내 봐야 간신히 사람의 마음을 안다日久見人心고도 하였지.

이 글을 쓰면서 새삼스럽게 대학 시절의 나를 만난다. 유명을 달리하신 이웅직 선생님 담당 과목인 유전학 실험 시간이다. 장충동 어딘가에 가서 깔따구 유충인 키로노무스를 잡아 해부접시에서 해부하여 침샘을 끌어내고 그것을 염색하여 거대 염색체를 관찰하였지. 세포 분열은 일어나지 않고 아예 DNA 복제만 여러 번 일어나 염색체에 검고 흰 띠가 나오는 것이 특징인데, 근래 와서는 침샘 염색체에 든 DNA의 구성까지 연구한다고 하니 금석지감이 든다. 정녕 과학의 빠른 속도에 적잖이 현기증이 일 지경이다!

◘ 명이 짧은 무늬하루살이 *Ephemera strigata*

하루살이의 대표로 여기에 등장한 '무늬하루살이'는 하루살이목Ephemeroptera 하루살잇과Ephemeridae의 곤충이다. 하루살이목의 이름인 'Ephemeroptera'에서 'ephemeros'는 '낮daily', '단명short-lived', 'pteron'은 '날개wing'라는 뜻으로 '명이 짧은 곤충'이라는 의미라 하겠다. 무늬하루살이 성체의 몸길이는 1~2센티미터, 쫙 편 날개 길이는 3센티미터로 아주 큰 날개와 기다란 꼬리 둘을 가진다. 4~7월에 왕성하게 활동하는데 서양인들은 5월에 설친다고 'mayfly'라 부른다. 알, 애벌레, 어른벌레의 한살이를 애써 거치는 불완전 탈바꿈을 한다. 여름을 대표하는 곤충이기에 "하루살이에게 겨울 이야기"라는 말은 우리가 어릴 때 진저리치게 헐벗고 쫄쫄 배곯으며 찢어지도록 가난했다는 말을 요새 사람들이 못 알아듣는 것 같은 경우를 칭한다. 성충의 체색은 갈색이고 날개의 중앙에 어두운 갈색의 가로 띠무늬가 있다.

하루살이는 한국에 50여 종, 세계적으로 2500여 종이 있는데, 그것들은 다 같이 수명이 짧아서 종에 따라서는 30분에서 한나절을, 어떤 것은 2~3일 내지 일주일을 산다. 하지만 그들의 유생은 물속에서 1년을 살기에 하루살이의 한살이를 그리 짧다고 여길 일이 못 된다. 어른벌레로서의 삶이 짧다는 것일 뿐!

어쨌거나 성충의 입은 흔적만 남았고 소화관엔 공기만 가득 찼으니 그 사이에 먹고 자시고 할 것도 없다. 서둘러 곧 떠나야 하는 생의 끝자락에 온 마당에 하루살이 성충의 유일한 목적은 내내 생식과 번식에 있다! 부디 축제의 삶이어라!

성충의 날개는 아주 크고 부드러운 막질이며, 시맥이 발달하였고, 앞날개는 뒷날개보다 훨씬 크다. 뒷날개는 흔적만 있거나 숫제 없어진 종도 있다. 짧고 유연한 더듬이에 썩 발달한 겹눈 1쌍과 3개의 홑눈이 있다. 수컷의 눈은 특히 크며, 앞다리가 길어서 어디에 달라붙거나 공중에서 짝짓기 할 때 암컷을 붙잡는 데 쓴다. 2개의 길고 가냘픈 꼬리와 커다란 모시날개에 길쭉한 배를 뒤로 구부리고 있는 모습은 시원한 것이 그럴싸하고, 이만큼 고울 수가 없다! 멋쟁이 하루살이 암수는 모두 1쌍씩의 생식기를 갖는다. 해거름 녘에 욱일승천旭日昇天의 기세로 하늘을 세차게 오르내리면서 큰 무리를 지어 날아다닐 때가 바로 짝짓기 하는 시간이다.

짝짓기를 한 다음 암컷이 호수나 연못, 강물에 알을 낳으면 물이 그것을 떠메고 가 물밑으로 가라앉힌다. 부화한 하루살이 유충의 몸길이는 1~2센티미터이며, 20~30번 거듭 탈피를 하면서 보통 1년을 지내는데, 강물의 바위 밑이나 부패 중인 낙엽 아래, 여러 침전물이 모여 있는 모래나 흙바닥에 들어가 산다.

유충은 몸이 길쭉하고, 납작하거나 둥그스름하다. 아주 발달한 7쌍의 아가미를 복부에 가지고 있으며, 식물성 조류나 규조류, 바닥의 유기물을 먹는 1차 소비자로 부식물을 먹어 치워 물을 맑게 한다. 다만 어떤 종은 육식하는 것도 있다 한다. 불완전한 날개를 가진 성충이 된 다음 일단 담금질하고, 다시 가까운 풀줄기에 올라붙어 으쓱으쓱 한 번 더 탈피하여 성적으로 무르익으면서 공중으로 날아오른다. 이런 일이 어느 날 동시다발로 일어난다. 일진광풍一陣狂風, 이때는 온 천지가 하루살이 세상이 되어 짝짓기하고 죽어 스러진 시체들이 와르르 떨어지니 무척 곤혹스러운 골칫덩어리다. 마당을 빗자루로 연신 쓸어야 할 판이고 사람한테도 검질기게 막 대드니 쩔쩔 맬 지경이다. 반면 우화 시에 물고기들의 맛있는 밥이 되고, 낚시꾼들은 그들 닮은 가짜 '제물낚시깃털을 모기나 하루살이 모양으로 만든 낚싯바늘'를 만들어 고기를 낚으며, 살아 있는 실물 하루살이는 송어 낚싯밥으로 애용한다.

애벌레는 오염에 민감한 동물이라 아주 깨끗한 물에 산다. 유생은 두고두고 학배기나 물거미water spiders 등의 먹이가 되고, 성충은 잠자리, 피라미, 갈겨니, 송어 같은 어류들이 즐겨 먹으니 먹이 사슬의 구성에 아주 중요하다. 우리나라에 사는 하루살이는 하루살이, 꼬마하루살이, 꼬리하루살이, 밤색하루살이, 알락하루살이 등 50여 종이나 된다고 하는데, 아쉽게도 아직 이 동물의 분류가 제대로 되어 있지 않다. 하루살이의 한살이를 유난히 짧다 하여 아쉬워하지만 그지없이 버거운 영겁永劫의 세월에 비하면 우리 인생 또한 하루살이 인생이렷다. 우리의 굴곡진 삶이 정녕 이 벌레의 한목숨과 무에 다르겠는가. 세월에 장사 없으니 덧없이 사라지는 풀이슬, 초로草露 인생인 것을!

◘ 날개를 포개고 앉는 진강도래 *Oyamia coreana*

절지동물 곤충강 강도래목적시목, 積翅目, Plecoptera 강도랫과 Perlidae의 곤충으로 학명이 재미나게도 '*Oyamia coreana*'인데, 이것은 1921년에 일본인 오카모토Okamoto가 우리나라(coreana) 소요산에서 처음 채집한 강도래를 신종으로 발표한 것임을 말한다. 진강도래의 원산지는 한국이다! 우리나라 강도래목에는 10과 28종이 기재되어 있고 세계적으로 1700종이 있으며 매년 새로운 종이 발견되고 있는데 주로 동양에 많다고 한다. 강도래목에서 'plekein'은 실로 납작하게 땋거나 꼬아서 만든 끈을 말하고 'pteryx'는 날개를 뜻하는데, 막상 우리말 이름 '강도래'의 뜻을 알 수 없으니 난감할 뿐이다.

강도래 성충은 여름에 주로 활동하고 밝은 곳에 잘 모여들며 환경 변화에 지나치게 예민하다. 성충의 몸길이는 2.5~3센티미터이며 4~8월에 우화한다. 나는 힘이 매우 어눌하고, 약한 편이며, 몸 빛깔은 서식 환경에 따라 달라서 검은색, 회색, 갈색, 연녹색, 붉은색 등 아주 다종다양하니 그래서 '한 어미 자식도 아롱이다롱이'라고 하는 것이리라. 어른벌레 수컷은 나뭇잎 위에 앉아서 배를 톡톡 두드려 암컷을 유인하는 특이한 구애 행동을 한다.

강도래 무리를 적시류라 하는데 이는 앉았을 때 앞날개를 뒷날개 위에 겹쳐 쌓는 데서 붙은 이름이고, 2쌍의 얇은 막을 닮은 날개에는 복잡한 시맥이 발달하였다. 영어의 보통 이름인 'stone fly'는 주로 돌에 붙어 살기에 얻은 이름이다. 한여름 물가 돌멩이에 새까맣게 많이 달라붙으며, 길쭉하면서 긴 날개를 가진 날렵하게 생긴 곤충이다.

유생은 물이 흐르는 유수역流水域이나 정수역靜水域에 살며, 물이 흐르지 않는 곳에서는 몸을 아래위, 좌우로 안간힘을 다해 흔들어 아가미와 산소가 닿게 한다. 유생 기간은 보통 3~4년이며 애벌레는 불완전 변태한다. 얕은 물에 살면서 물 밑바닥에 있는 부식질 부스러기나 작은 동물을 먹고 살며, 배 끝에는 가는 실 모양의 아가미 기관이 있다. 진강도래 성충의 몸길이는 대개 1~3센티미터이지만 큰그물강도래는 5센티미터나 된다.

진강도래의 몸은 길고 편평하고 부드러우며, 머리는 넓다.

1쌍의 큰 겹눈과 2~3개의 홑눈이 있으며, 더듬이는 길고 회초리 모양이다. 2쌍의 날개는 막질로 많은 날개맥이 있고, 날개는 배 끝 바깥까지 뻗어 있다. 배는 11마디로 성충이나 유충 모두 길고, 여러 마디로 된 집게 닮은 꼬리 돌기 2개가 있다. 모든 발끝에는 발톱이 2개씩 있어서 돌이나 나무 작대기, 강바닥에 찰싹 달라붙는다.

진강도래 성충의 수명은 1주일~1개월이며 암컷이 수컷보다 수명이 길다. 그 세계도 암컷이 수컷보다 오래 산다!? 이들은 산간 계곡 음지에서 흔히 볼 수 있으며, 나는 힘이 매우 약해 짧은 거리를 난 다음에는 나뭇가지나 풀잎에 앉는데 어떤 종은 숫제 날개가 없는 것도 있다. 유충은 산소가 많은 깨끗한 찬물에서만 살고 오염된 물에는 살지 못하기에 지표 동물로 쓰인다. 민물고기의 먹잇감으로 생태계에서 아주 중요한 몫과 자리를 차지한다.

진강도래는 수백에서 수천 개의 알을 덩어리째 낳아 배에 붙여 다니다가 수면에 던져 버린다. 알은 2~3주 후에 비로소 부화하는데, 유충은 불완전 변태를 하므로 날개가 없는 점을 빼고는 성충과 거의 비슷하다. 7~12밀리미터 크기의 유충은 대부분 초식성으로 물에 가라앉은 낙엽이나 저변에 붙어사는 조류를 먹지만 어떤 것은 육식성으로 다른 하루살이 유충 따위를 잡아먹기도 한다. 주로 돌이 많은 냇물에서 생활하며 유생 시기는 1~4년인데 그동안에 꿋꿋이 12~33번을 탈피하고 부랴부랴 설레발치다가 성큼 땅 위로 올라가 성체가 된다. 어떤 종은 전혀 먹지 않으나, 때때로 초식성인 것들은 이슬 정도로 요기하기도 한다.

강도래 유생과 하루살이 유생을 견주어 보면 어지간히 닮아 헷갈릴 수 있지만 강도래 유생은 긴 꼬리가 2개이고, 하루살이 유생은 3개인 것이 다르다. 그 꼬리는 감각 기관이며 이동에 도움을 주기도 한다. 유생은 물살이 센 돌 밑이나 나무토막, 낙엽 아래에 붙어살며 따로 집을 짓지 않는데, 몸이 납작하여 물에 쓸려가는 일은 없다. 그렇다! 그리스 신화에 나오는 젊고 아름다운 여자 요정을 님프nymph라 하지 않는가? 수서 곤충들의 유생이 도대체 얼마나 귀엽고 참하기에, 'larva', 'juvenile', 'young'이라 쓰지 않고 굳이 'nymph'라고 부르는지 그 까닭을 알 수 있을 터이다.

◘ 물속의 건축가, 굴뚝날도래 *Semblis phalaenoides*

곤충강 날도래목Trichoptera 날도래과Limnephilidae의 곤충으로 체색은 윤기 없이 흐릿하고 칙칙하다. 몸길이 2~2.5센티미터, 편 날개 길이 6센티미터로 날개가 아주 길고 크지만 매우 천천히 난다. 야행성으로 저녁 무렵이나 밤에 주로 행동하며 가끔 밤에 불을 찾아 날아들기도 하지만 낮에는 서늘하고 습기가 높은 강가의 풀숲에 숨어 지낸다. 성충은 머리를 자유롭게 움직일 수 있으며 겹눈은 튀어나왔고, 홑눈은 3개인데 숫제 없는 종도 있다. 더듬이는 실 모양으로 암수 모두 가늘고 길며, 암컷은 날개가 퇴화하였거나 아주 없는 반면 수컷은 큰 막질의 날개 2쌍이 있다. 대부분 몸과 날개에 털이 나 있고, 날개맥의 가로맥은 복잡하지만 세로맥은 그 수가 적다. 미국만 해도 1359종이나 되며, 우리나라에는 『한국동식물도감』 제30권 '수서 곤충류'에 62종이 기재되어 있다.

날도래목을 뜻하는 'Trichoptera'의 'trich'은 그리스 어로 '털hair', 'ptera'는 '날개'를 의미하며 몸이나 날개에 털이 많은 날도래의 특징을 나타낸다. 날도래는 날개에 비늘이 있는 인시류鱗翅類, Lepidoptera인 나비나 나방을 많이 닮았고, 간혹 나비나 나방으로 잘못 아는 수가 있을 정도다. 날지 않고 앉아 쉴 때는 나비 모양으로 날개를 접으며, 날개를 모으고 앉아 있으면 가운데가 불룩 솟은 것이 피라미드 꼴을 한다. 영어로 'caddisfly' 또는 'water moth'라고 하는데, 'caddisfly'는 유생이 골프채를 메고 다니는 캐디caddie처럼 메고 다니는 집을 짓는 데서 얻은 이름인 듯하고, 'water moth'는 성체가 나방과 비슷하여 붙은 이름이다. 실제로 날도래는 나비, 나방과 같은 조상에서 분리되어 물속 생활을 하게 되었다고 본다. 앞의 강도래와는 달리 번데기 시기가 있는 완전 탈바꿈을 한다.

날도래 애벌레는 묘하게도 물에 사는 뭇 벌레 중에서 여느 것보다 신비롭고 드문 '물속의 건축가'이다! 물이 깨끗한 여울이나 내, 연못 바닥에 살며 입에서 끈적끈적한 풀을 토해 내 모래, 자갈, 나뭇잎, 작은 나뭇가지, 여러 부스러기를 조근조근 골똘히 짓이겨 개어서 촘촘히 얼기설기 엮어 묶고, 바리바리 야무지게 싸 붙여 집을 지으니 보풀 하나 없이 매끈하다. 옛날 옛적 비가 올 때 걸쳐 입었던 해진 도롱이 모습을 한 훤칠한 집이다. 달팽이가 껍데기를 뒤집어 쓴 것처럼 말이지. 집의 모양은 관, 뿔, 네모, 빙빙 꼬인 꼴 들을 한다. 잡동사니로 만든 집인 탓에 꿈쩍 않고 잠잠히 있으면 그 속에 유충이 들었다는 것을 귀신도 모른다. 거기다가 겉에 미늘 달린 갑옷을 둘러썼으니 잡아먹히지 않아 좋고, 집이 위장물이라 헷갈린 포식자를 돌려세울 수 있어 더더욱 좋아라! 이것 말고도 오직 실로만 얽은 실그물에 들어 있는 무리, 전혀 집이 없이 맨몸으로 사는 무리들도 있다. 즉, 종에 따라 집의 모양 등이 달라서 이들 집의 특징을 종의 분류에 쓴다. 호흡은 배에 있는 실 닮은 복부 기관 아가미로 하는데 집 속에서도 아래위, 앞뒤로 몸을 움직여 물을 들락거리게 하여 산소를 원활하게 얻는다. 하지만 자칫 물에 산소가 부족하다 싶으면 몸을 빨리 움직여 물갈이를 한다. 그래서 강도래나 하루살이 유충이 사는 곳보다 물이 덜 깨끗한 곳에서도 살 수 있다고 한다.

날도래가 한 올 한 올 맑은 비단실로 창창 얽어 실그물을 만들면 그 속에 애벌레가 든다. 실그물은 돌 밑바닥에 붙어 있기에 돌을 들추면 눈으로도 비춰 보인다. 검푸르죽죽한 날도래 애벌레를 잡아 날선 낚시 바늘에 꿰어 돌 틈새에 집어넣으면 거뭇한 먹잇감이 눈앞에 살아 꿈틀거리는 꼬드김에 혹해 꺽지 놈도 입질을 하지 않을 수 없다. 어디 그 뿐인가. 여울의 쉬리를 잡을 땐 된장과 함께 으깬 애벌레를 통발접시 사발에 옥양목을 덮어 싸매고 가운데에 구멍을 뚫음 안에 넣고 가운데 뻥 뚫린 구멍 둘레에도 싹싹 바른다. 물고기는 코가 개코인지라 서슴없이 냄새 맡고 종종걸음으로 달려와 안으로 들어가면 옴짝댈 뿐 거슬러 못 나오고 기어코 갇히고 만다. 도망치고 싶은 맘 굴뚝같지만 그만 올가미에 옭혔다. 그것이 덫이요, 함정인 것도 모르고. 몸을 쓰지 말고 머리를 쓰라 했겠다. 사자의 힘으로 하던 것을 여우의 지혜로 풀어라! 다 머리싸움이다.

성충은 보통 1~2주를 살고 그동안에 아무것도 먹지 않으며 짝짓기에만 정신을 판다. 우린 한 끼만 걸러도 배고파 야단인데……. 우화하면서 기름기를 한가득 비축하여 나왔기에 끄떡 없다. 교미를 끝낸 암컷은 300~1000개의 알을 오롯이 젤라틴 주머니에 싸서 덩어리째 낳아 물속의 돌이나 다른 물체에 달라붙인다. 알은 곧 부화하며, 2~3센티미터 크기의 유충은 늘 물에 사는 진수성이다. 촉각은 작고, 앞의 세 체절體節에 모두 3쌍의 다리가 있으며, 네 번째 체절에는 갈고리 모양의 부속지가 나 있으니 그것으로 집을 꽉 부여잡는다. 애벌레들은 고개만 집 밖으로 빠끔히 내놓고, 갈고리 모양을 한 첫 번째 1쌍의 앞다리로 집을 슬금슬금 끈다. 집을 만드는 무리는 집채만 한 것을 통째로 짊어지고 다니면서 먹이를 찾고 그 속에 몸을 숨기기도 한다.

어느새 몸집이 커지면 밖으로 몸만 빠져나와 탈피한 다음에 확 바뀌어 더 큰 집을 짓고, 이윽고 그 속에 들어앉으니 그러구러 몇 달이 걸린다. 그러기를 끊이지 않고 연이어 되풀이하면서 쑥쑥 자라 번데기가 될 기미가 보이면 집을 물속 어디에나 실로 달라붙이고 고치를 만들어 그 안에 든다. 2~3주간의 번데기 시기를 거치고 성체에 다다르면 번데기는 수면이나 물가로 훌훌 털고 헤엄쳐 나와 한날한시에 고치를 뚫고 우화를 하니 이런 동시성同時性은 천적을 피하거나 짝을 찾는 데도 도움이 된다. 번데기는 우화하면서 입턱으로 아까 제가 살던 집을 자르고 나오지만 곧 입이 퇴화하여 흔적만 남고, 성체가 된 다음엔 먹이를 먹지 않는다. 대부분의 온대 지방에서는 이런 한살이가 십중팔구 1년 안에 이뤄지니 가을, 겨울, 봄에 주로 자라고 늦은 봄이나 이른 가을에 우화하지만 내친김에 한겨울에도 세차게 활동하는 것들이 있다.

날도래 유충은 강도래 유충과 마찬가지로 대부분 숲 속을 흐르는 계곡의 맑고 신선하며 차가운 물속에서만 살기 때문에 수질을 측정하는 지표 동물로 이용한다. 유충의 서식처는 얕은 냇물, 강, 호수, 연못, 웅덩이 등 아주 다양하지만 역시 깨끗한 물이어야 한다. 하루살이 유충, 강도래 유충과 함께 날도래 유충의 다양도, 밀도, 풍부도 등을 조사하여 수계水系의 생물학 적정량 조사bioassessment surveys를 한다. 다시 말하면 개울이나 강의 일정한 면적에서 이들의 유충을 채집하여 어떤 종류가 얼마나 많이 사는가를 측정하니, 이런 수서 곤충의 유생이 다양하고 촘촘할수록 그 수계는 건강한 것이다. 먹이가 풍부하므로 따라서 어류도 더 많이 살 수 있는 것이 아닌가. 풀숲엔 메뚜기가 날뛰고, 물에는 고기가 뛰놀고, 하늘에는 벌과 나비가 휘날려야 한다.

날도래의 애벌레는 대부분 초식성으로 부패 중인 식물이나 조류를 먹는데 가장 좋아하는 것은 돌에 붙어 있는 돌말이다. 다만 어떤 종은 다른 동물을 먹는 육식성인 것도 있다 한다. 실은 수계의 건강을 알기 위해선 유생 조사보다 먼저 생산자인 돌

말 따위 조류의 풍부도와 다양도를 먼저 살펴본다. 날도래 유생은 냉수성 어류인 송어의 좋은 먹잇감으로 송어의 전체 먹이에서 차지하는 비율이 낮에는 8퍼센트이고, 저녁이나 밤에는 19퍼센트를 차지한다고 한다. 날도래의 애벌레가 없으면 송어는 굶어 죽기 십상이다.

이렇듯 이놈들은 알이 부화하여 애벌레가 되고, 그것이 여러 번 탈피하여 번데기로 바뀌고 나서 날개를 달고 나오는 한살이를 한다. 산란, 부화, 탈피, 우화…. 이 얼마나 복잡하고 모진 탈바꿈인가! 바뀌지 않고는 어미가 될 수 없다. 변태의 뼈저린 아림을 한갓 이들 벌레에서만 찾지 말자. 우리들도 쉼 없이 영딴판으로 탈바꿈해야 한다. 꼴을 제때에 제대로 바꾸지 않으면 그대로 머무는 것. 유수불부流水不腐라, 흐르는 물은 썩지 않는다! 새로운 것을 두려워 말라고 한다. 변화changing가 곧 진화evolution인 것이요, 진화는 혁명revolution인 것이니 말이다. 산다는 것은 본래 고통과 시련, 번민의 원천인 것을!

등뼈를 가진 척추동물

1) 어류(魚類, Fish)

민물에 사는 물고기淡水魚에 관해서는 『열목어 눈에는 열이 없다』라는 필자의 책에서 아주 많이 다루었다. 여기서는 보통 사람들이 혼동하기 쉬운 어류 중에 꼭 알아 두었으면 하는 몇 종을 보태 볼 생각이다. 물고기의 특징 따위도 위의 책에 있으니 참고하면 좋다. 한국에 서식하는 담수어는 강물과 바닷물이 섞이는 기수 지역의 것과 유입종流入種 등 모두를 포함하여 『한국동식물도감(김익수 저)』에서 207종을 소개하고 있다. 많지 않아 보이지만 적은 것도 아니다.

앞의 책 『열목어 눈에는 열이 없다』 중에서 딱 하나만 따오고 싶은 것이 있어서 일부 솎아온 것을 여기에 조금 고쳐 싣는다.

불구佛具인 목탁木鐸이나 목어木魚, 절집 처마 끝에 대롱대롱 매달려 바람 소리 들려주는 풍경風磬들이 하나같이 죄다 물고기를 닮았고, 아주 옛날 교회의 상징 또한 물고기가 아닌가. 그리고 장수將帥의 갑옷미늘이 물고기 비늘을 상징하고 있으렷다!

무엇보다 물고기는 눈을 감지 않는다. 잘 때도 두 눈을 뜨고 잔다. 잠자지 말고 언제나 깨어 있으라는 의미가 의당 목탁, 목어, 풍경에 스며 있는 것이리라. 목어나 풍경은 언뜻 봐도 물고기를 닮았지만 목탁은 잘 살펴봐야 그 닮음을 알 수 있다. 둥그런 몸통에 동그란 구멍이 둘 있으니 그것이 물고기 눈이요, 손잡이 쪽으로 길게 파인 것이 지느러미이며, 손잡이는 꼬리지느러미에 해당한다. 속을 파내 텅 비게 하여 조그마한 나무 채로 두드리니 '땅, 땅, 땅!' 잠들지 말고 깨어 있어 맹진猛進할지어다! 바람에 흔들려 '땡그랑, 땡그랑' 풍경이 때려 내는 은은함은 산사의 정적을 깨뜨릴 뿐더러 깜빡 졸고 있는 도승道僧의 낮잠을 쫓는다. 목탁은 대추나무로 만드는데 박달나무와 은행나무를 쓰기도 한다.

여기서 목어의 내력도 좀 보자. 1미터 길이의 큰 나무를 잉어 모양으로 만들어서 속을 파내고 아침저녁으로 예불할 때와 경전을 읽을 때 두드리는 도구가 목어다. 이것은 수행에 임하는 수도자들도 잠을 줄이고 물고기 닮아 부지런히 깨우침을 위해 정진精進하라는 뜻을 갖고 있다. 이 '목어'가 차츰 모양이 변하여 지금 불교 의

식에서 가장 널리 쓰이는 목탁이 되었다고 한다. 목어는 처음엔 단순한 물고기 모양이었으나 차츰 용 머리에 물고기 몸을 가진 용두어신龍頭魚身의 형태로 변신하였고 드디어 입에 여의주如意珠를 물고 있는 모습으로 바뀌었다고 한다.

여러분은 자동차 꽁무니에 붙어 있는 물고기 형상을 자주 봐왔을 것이다. '나는 기독교 신자'라는 것을 알려주고 있는 것이다. 기독교와 물고기는 어떤 관련이 있는 것일까. 초대 교회 시대에 로마는 기독교를 무척 박해하였다. 이때 사람들은 지하 공동묘지인 카타콤catacomb 등지에 숨어 지냈고, 그리스도인이라는 신분을 밝히기 위해서 물고기 그림을 보이거나 물고기 모형의 조각품을 지니고 다니기도 하였고, 몰래 땅바닥에 물고기 그림을 그려 자기의 신념을 알렸다고 한다. 필자도 로마에 가서 보았다. 상상을 초월하는 순교의 산물이 카타콤이었다. 지하 카타콤의 미로에 길을 안내하는 그림도 물고기로 표시하였으니 물고기가 일종의 암호였던 것이다. 지금은 십자가가 기독교의 상징이지만 처음엔 물고기였다는 말이다. 알다시피 기독교가 세계의 종교로 된 데는 수많은 순교자가 있었기에 가능했다. 물 위에 뜬 백조만 보지 말고 물 아래에 열심히 젓고 있는 백조 다리의 물갈퀴를 생각하라.

다음은 장군의 갑옷 이야기다. 장수의 갑옷에는 으레 물고기 비늘이 주렁주렁 달려 있다. 햇빛에 반사되어 번쩍거리는 갑옷은 보는 사람의 눈을 부시게 한다. 피라미, 갈겨니도 가끔씩 몸을 기울여, 햇살에 몸의 각도를 맞춰 번쩍번쩍 은백색을 쏘아 댄다. 갑옷 입은 장수는 물고기요, 물고기 중에서도 대장물고기를 이른다. 역시, 밤낮 눈을 감지 말고 적에 대한 경계를 멈추지 않으며 많은 졸개를 잘 인도하라는 뜻이 들어 있는 것이리라. 전쟁을 지휘하는 장수만 물고기가 되어야 하겠는가. 우리 모두가 물고기 되어…….

◘ 아가미구멍이 일곱인 칠성장어 *Lampetra japonica*

칠성장어목Petromyzontiformes 칠성장어과Petromyzontidae에 속하며 우리나라에서는 같은 과科에 '다묵장어'가 1종 더 있다. 엄밀히 따지면 칠성장어arctic lamprey는 분류상 뱀장어eel와 다르다. 칠성장어 무리는 턱이 없고무악류, 無顎類, agnathans 입이 둥근원구류, 圓口類, cyclostomes 물고기로 입 대신 빨판을 이용해 다른 물고기에 달라붙어 피를 빠는 기생 생활을 하기에 학자에 따라서는 어류보다 하등한 것으로 취급한다. 당연히 뱀장어는 아래위턱이 있어서 좀 더 진화한 물고기에 들며, 한마디로 둘 다 몸통이 길다는 특징 때문에 '장어長魚'라는 이름이 함께 붙었을 뿐이다.

칠성장어는 전체 몸길이 40~50센티미터로 양쪽 눈 뒤에 7쌍의 아가미구멍이 있어서 '칠성七星'이라는 이름이 붙었다. 비늘이 없고 가슴지느러미, 배지느러미 같은 짝지느러미도 없이 오직 서로 연결된 제1, 2등지느러미와 꼬리지느러미만 있다. 턱은 없고, 입에는 작은 각질치角質齒, 즉 딱딱한 꼬마 이빨이 수많이 들러붙어 있는 빨판을 가지고 있어서 다른 물고기에 기생한다. 피부에는 점액질이 많으며, 등은 청색을 띤 갈색이고, 배는 흰색이다.

바다에서 살다가 5~6월에 강으로 올라와 강 자갈에 8~11만 개의 알을 붙여 낳은 후 바로 생을 마감한다. 겉은 멀쩡한데 속은 다 타버렸던 것. 그렇게 덧없이 허무하게 죽고 말 것을 그다지도 곡절曲折 많은 삶을 살았단 말인가. 녹록찮은 너의 한평생과 나의 한살이가 손톱 끝만큼도 다르지 않구나! 유생일 때는 강바닥의 진흙 속에서 유기물이나 조류를 걸러 먹으며 약 4년간 생활하다가 바다로 내려가 2년여 년을 산 다음 완전히 성숙하여 다시 강으로 올라오는 회귀성 어류回歸性魚類이다.

야행성으로 낮에는 꼼짝달싹 않고 돌 밑에 숨어 지내다가 밤이 되면 혈투를 벌이기 위해 저보다 큰 물고기를 찾아 나선다. 예나 지금이나 강을 거슬러 올라가는 칠성장어를 그물이나 맨손으로 잡아 튀기거나 구워서 먹는다. 동해안의 횟집에서 수조에 넣어 둔 은어銀魚에 칠성장어가 달라붙어 있는 것을 가끔 볼 수 있는데, 은어의 배에는 부황附缸을 뜬 것처럼 빨갛게 피 빨린 자국이 남아 있다. 세계적으로 6속 41종이 알려져 있으며, 우리나라에서는 십중팔구 동해안으로 흘러가는 강(양양 남대천, 연곡천, 삼척 오십천 등)에 분포한다. 현생하는 물고기 중에서 가장 원시적이다.

칠성장어와 비슷한 다묵장어*Lampetra reissneri*는 칠성장어에 비해 덩치가 반밖에 되지 않는다. 칠성장어와 마찬가지로 눈 뒤에 7쌍의 아가미구멍이 있으며, 입은 둥글고 턱이 없다. 빨판과 혀에는 각질치가 가득 나 있다. 다묵장어는 바다를 오가지 않고 강물에서만 사는 육봉형陸封形으로 주로 모래가 있는 작은 개울의 중상류나 저수지처럼 물의 흐름이 느리거나 정체된 곳에 서식한다. 산란기는 4~6월이고 모래나 자갈이 깔린 강바닥을 조금 파고 산란하며, 산란과 방정 후에는 역시 잠시 서성대다 시나브로 죽는다. 부화한 유생은 모래 속에 묻혀 살면서 유기물을 걸러 먹는데, 눈이 피부 속에 묻혀 있어 시각 능력이 없다. 유생이 성체가 되는 데는 3~4년이 걸리며, 이 또한 야행성이다. 세계적으로 중국 북부, 연해주, 사할린, 일본 등지에 분포한다. 그러나 멸종위기야생동식물 2급으로 근래에는 강원도의 강릉, 철원, 춘천, 정선, 고성, 경상북도의 김천, 봉화, 전라북도의 남원, 정읍, 진안 등에서 서식이 확인되었다고 한다.

바다에는 이들을 닮은 같은 원구류인 먹장어가 있는데, 흔히 '흑장어黑長魚' 또는 '곰장어'라고 부른다. 모처럼 항도港都

부산을 어렵사리 찾을라치면 나도 모르게 저절로 발길이 흘러가는 곳이 있으니 바로 시끌벅적한 자갈치시장이다. 여기저기 산더미처럼 쌓인 해물이 쏟아 내는 비릿한 바다 냄새에다, "오이소, 이것 사이소!" 오랜만에 듣는 억세고 투박한 사투리, 뼈빠지게 애써 살망정 해맑은 웃음을 잃지 않는 풋풋한 풀뿌리사람들의 향기가 저절로 젖어드는 곳이다. 자갈치시장은 옛날에 자갈이 많았던 곳이었다고?

글을 시작하고 보니 어느새 숯불 위에서 고소한 냄새를 풍기며 용틀임 치는 곰장어와 재빠른 아주머니의 손놀림이 자꾸 눈에 밟힌다. 바깥 노점을 헤집고 다니다가 건물 안으로 쑥 몸을 드미는 바로 그 순간이다! 움찔 발을 멈추고 놀란 가슴을 졸이며 한곳에 눈이 멈춘다. 어김없이 늘 만나는 일이다. 껍질이 벗겨진 채 붉디붉은 생피를 흘리며 자글자글 함지박 속에서 꿈틀거리는 곰장어들의 살 떨리는 몸부림. 살기등등한 목판 구석, 예리한 못 끄트머리에 머리통이 꿰여 비명非命에 가야 하는 또 다른 녀석이 안절부절 아우성에 울부짖으며 발악하고 있다. 오만상이 찌푸려지고 사지가 오그라든다. 아비규환阿鼻叫喚, 아수라장阿修羅場이 따로 없다. 시시풍덩하고 시시껄렁한 잡설을 되뇌면서, 연신 머리끝에 칼집을 내고 일사천리로 껍질을 꼬리까지 쫙쫙 벗기는 아주머니의 능숙한 솜씨에 혀를 내두르지 않을 수 없다. 이런 것을 놓고 "식은 죽 먹기"라고 하는 것. 살코기는 이 함지박에 껍질은 저 함지박에 척척 내팽개친다.

'곰장어'라는 말은 사전에 없다. 사투리라는 뜻인데 표준말은 '먹장어'이다. 이러면 어떠하며 저러면 어떠하리. 사람들 입에 많이 오르내리면 그것이 표준어가 되는 것이 아닌가? 먹장어는 세계적으로 60여 종이 서식하고 있으며 남·북극해를 빼고 어디서나 산다. 우리가 요리해 먹는 먹장어는 30센티미터짜리이지만 큰 것은 1.4미터가 넘는 것도 있다고 한다. 그들은 600미터 넘는 심해에 주로 살기에 눈이 퇴화하였고, 죽어 가라앉은 물고기 시체를 먹음으로써 바다 밑 청소부 역할을 한다. 햇빛이 바다 수면에서 대략 500미터 근방까지만 꿰뚫고 들어가니 그 아래는 말 그대로 암흑천지다. 어라! 칠흑 같은 깊은 먹바다에 산다고 '먹장어'라는 이름이 붙었을까, 아니면 눈이 멀었다고 먹장어라 했을까? 어원을 안다는 것이 그리 쉽지 않다.

곰장어를 맛있게 먹으면서 이런저런 담소談笑를 즐기라고 여러 정보를 알려 드린다. 교양인은 어떠한 사물이나 사건을 두고도 딱히 30분간은 이야깃거리가 있어야 한다던가? 그게 어디 그리 쉬운가. 아무튼 먹장어는 뱀장어와 아주 딴판이다. 먹장어는 어두운 바다 밑에 살기에 눈이 쓸모없어져 흔적만 남았고 비늘도 없다. 아가미뚜껑도 없어 아가미가 훤히 드러나 있고, 뜨고 가라앉는 데 관여하는 부레까지도 퇴화했다. 뱀장어는 어류 중에서도 어엿하게 튼튼하고 딱딱한 뼈를 갖는 경골硬骨 어류이지만 먹장어는 뼈가 물렁한 연골軟骨이다.

이 동물에 대한 연구는 아직 많이 부족하다. 통발에다 미끼를 집어넣고 깊은 물속에 늘어뜨려서 잡는데, 그냥 끌어올리면 기압차 때문에 배가 터져 죽어 버리니 수조에 넣어 키우면서 살펴보기가 어렵다는 것. 그래도 애써 연구한 결과물을 소개하고 있으니, 먹장어는 암수딴몸으로 무려 수컷 한 마리에 암컷 100마리 비율이라 한다. 성비性比가 1대 100이라니 해괴망측한 일이로다. 곰장어 수컷들은 극진하고 융숭한 칙사 대접을 받겠구나. 한편 보통 한 번에 20~30개의 알을 낳는다고 하지만 점점 그 수가 줄어 걱정들 하고 있다 한다. 어쨌거나 속속들이 그놈들의 생태를 알지 못하니 말하자면 '신비의 블랙박스'인 셈이다. 그렇다, 가까운 바다 밑에는 불가사리가 판을 치고 아주 깊은 바다에선 먹장어가 왕이다.

앞으로 되돌아가서, 자갈치 시장의 그 아주머니는 먹장어 껍질을 벗겨서 살은 곰장어요리 가게에 팔면 되지만 미끈미끈한 껍질은 어디다 쓰는 것일까? 사실 알고 보면 먹장어 껍질을 얻기 위해 그 고생을 하고 있는 것이고, 살은 단지 부수입일 뿐이다. 장어 껍질 가공 기술은 우리나라가 세계에서 으뜸이라 다른 나라에서 잡은 먹장어들이 부산항으로 죄다 모여들고, 뱀장어 껍질과 함께 핸드백, 구두, 가방, 지갑 들을 만드는 피혁 공장으로 보내진다. 이 동물도 남획한 탓에 그 수가 갑자기 줄었으니 두말없이 우리 책임이 태산만 하다 하겠다.

이글이글 설설 끓는 열 받은 석쇠 위에 곰장어 몸뚱어리가 꼬이고 뒤튼다! 오징어를 구울 때도 그렇듯 단백질이 열에 굳어지는 꿈틀거림이다. 맛깔스런 곰장어 한 토막에 소주 한 잔 걸치면 침이 한입 그득 돈다! 엄마마다 손맛이 다 다르니 음식 맛은 엄마만큼이나 많은 셈이다. 좋은 음식을 먹어 본 사람이 좋은 맛을 낼 줄 안다고 했지?

◘ 필리핀에 알 낳는 뱀장어 *Anguilla japonica*

뱀장어는 조기어강Actinopterygii 뱀장어목Anguilliformes 뱀장어과Anguillidae의 물고기이다. 몸길이는 60~100센티미터로 가늘고 길쭉한 원통형이며, 꼬리는 옆으로 납작하다. 배지느러미와 가슴지느러미가 없으며 등지느러미는 꼬리지느러미와 뒷지느러미에 이어진다. 비늘은 아주 작아서 피부에 묻혀 있고 살갗은 한정 없이 미끌미끌하다. 옆줄은 또렷하게 몸 중앙에 이어지며, 아래턱이 앞으로 튀어나오고 양 턱에는 예리한 이빨이 골고루 나 있다. 등은 암갈색이거나 흑갈색이며, 배는 은백색 또는 연한 황색이나 사는 장소에 따라 다르다. 완전히 성숙하여 바다로 산란하러 내려갈 무렵이면 몸이 짙은 흑색으로 변한다. 위에서 말한 '조기어條鰭魚'에서 '조條'는 '나뭇가지'라는 뜻이고 '기鰭'는 '지느러미'라는 뜻으로, 지느러미 막을 지지하는 막대 모양의 골격 구조가 있다는 의미이다. 이처럼 지느러미의 구조는 어류를 분류하는 데 중요한 기준이 된다.

강이나 호수 등 살지 않는 곳이 없고, 육식성으로 먹이는 갑각류, 수서 곤충, 실지렁이, 어린 물고기 등이며, 사실상 거의 모든 수중 동물을 잡아먹는다. 그런데 보통 활동이 왕성할 때는 녀석들이 궂은 날이나 어둑한 밤중에 물에서 땅으로 올라오는 수가 있다고 한다. 민물에서 5~12년간 살다가 산란기가 되면 온몸에 아름다운 혼인색이 나타나면서 8~10월에 바다로 내려가 심해에서 알을 낳는다. 그런데 무턱대고 함부로 바다에 드는 것이 아니라 민물과 짠물이 섞이는 기수에서 기웃기웃 얼마간 서성거리며 염도에 적응한다.

오랫동안 뱀장어의 산란 장소를 모르고 있었으나 2006년에 도쿄대학교 해양연구소 츠카모도 교수팀이 20여 년을 끈질기게 추적한 끝에 알아냈다. 필리핀의 동쪽, 마리아나 열도 Mariana Islands의 서쪽에 있는 수루가 해산Suruga seamount이라는 곳이 바로 산란장인 것으로 추정하기에 이른 것이다. 세상에, 실

날 같은 희망을 가지고 생사가 끊임없이 충돌하는 그 먼 길을 시달리며 오고 가다니!? 부화된 새끼는 반년간 거센 바람에 부대끼며 버거운 쿠로시오해류Kuroshio Current를 내리 타고 동북아로 시끌벅적 대거 이동하다가 실뱀장어로 바뀌면서 가파른 쓰시마해류에 짐짝처럼 실려 우리나라의 서해안과 남해안으로 흐르는 강 입구에 다다른다. 여린 뱀장어의 꼬리에 힘들었던 세월이 달려 있구나! 자기를 낳아 준 어미아비의 땀 냄새가 밴 고향을 비껴가지 않고 설렌 마음으로 제때 찾아드니 귀소본능歸巢本能을 가진 회귀 어류이다. 편평하고 투명하며 살가운 대나무 이파리 모양의 유생인 렙토세파루스leptocephalus 상태로 1~3년간의 지루하고 고된 여행을 한 다음 연안에 다다른다. 이때는 유생이 더 자라 변태하여 5~8센티미터 크기의 실뱀장어가 되었으니 몸 사리지 않고 총총걸음으로 강을 오르고, 그런 후 긴 세월 여러 형태로 변하면서 어른 뱀장어가 된다.

실뱀장어가 바다에서 민물로 올라올 때 그것을 잡아 와서 양식한다. 뱀장어는 스태미너에 좋다 하여 우리에게도 인기가 있지만 일본 사람들은 우나기unagi라 하여 여름 복날 이것을 먹을 정도이다. 중국어로는 뱀장어를 '만鰻'이라 쓰는데 음식점 이름이 '만강鰻江'인 것은 보나마나 장어집이다.

민물과 짠물 양쪽에서 사는 힘든 생리적 요구 때문인지 뱀장어는 그동안 알을 부화시켜 성어를 길러 내는 이른바 '완전 양식' 이 불가능했다. 기껏 바다에서 돌아오는 치어를 강어귀에서 잡은 다음에야 양식했을 뿐이다. 그렇다 보니 장어의 치어인 실뱀장어의 값이 그야말로 천정부지요, 금값을 웃돈다. 하지만 근래 일본에서 까다로운 장어 양식에 성공하여 대박을 터뜨렸다 하니 일본 사람의 슬기로움은 알아줘야 한다. 밑져봐야 본전, 우리는 눈을 부릅뜨고 대인배의 큰마음으로 앞선 것을 귀담아듣고 배워야 할게다.

뱀장어는 한국, 일본, 중국, 타이완, 베트남, 필리핀 등 태평양 서부에 분포하고, 같은 속屬에는 북미산 뱀장어*A. rostrata*와 유럽산 뱀장어*A. anguilla*가 있다. 근래 와서 이들 뱀장어의 개체수가 많이 줄어들어서 멸종위기동식물, 즉 적색 목록에 올랐다. 남획도 문제이거니와 나라마다 강에 댐을 만들어서 물길이 막혀 상류로 거슬러 올라가는 것이 불가능해진 탓도 있다. 강물에서 뱀장어가 사라졌다.

우리나라 뱀장어속에는 이것 말고도 '무태장어*A. marmorata*'가 있다. 무태장어는 뱀장어와 비슷하지만 크기가 200센티미터에 달하는 열대성 어류로 우리나라에서는 제주도 서귀포의 천지연에서만 서식하며, 천연기념물 258호로 지정되었다. 지리적 분포로 보아 천지연이 북한계선이며, 제주도에만 살기에 '제주

뱀장어' 라고도 부른다.

◘ 거품집 짓는 드렁허리 *Monopterus albus*

드렁허리는 조기강 드렁허리목Synbranchiformes 드렁허리과Synbranchidae의 민물 어류로 진흙이 많은 호수, 연못, 늪, 농수로, 논에 살며, 몸은 원통형으로 가늘고 긴 뱀이나 장어를 닮았다. 몸의 전체 구조가 진흙을 파고들기에 알맞다. 머리는 작은 편이고 눈 위가 약간 불룩 솟아 있으며, 옆줄은 없고 꼬리지느러미만 흔적이 있을 뿐 다른 지느러미는 겉으로 거의 보이지 않는다. 눈이 아주 작고 비늘과 부레가 없으며, 꼬리는 좁아지면서 끝이 뾰족하다. 방언으로 '두렁허리' 라 부른다고 하는데, 이것이 더 가까이 느껴진다. 왜 그럴까. '논두렁의 허리' 도 파고든다고 생각하니 그렇다는 말이다.

몸길이는 60센티미터 정도이며, 등은 짙은 황갈색이고, 복부는 주황색이거나 담황색이다. 몸의 측면에는 동공瞳孔 크기의 반점이 불규칙하게 산재하며, 불분명하고 어두운 무늬가 있다. 아가미 호흡을 하지만 입과 인두부에서 폐어肺魚처럼 호흡할 수도 있어 묵은 공기 가득한 탁한 물이나 땅 위처럼 공기가 부족한 곳에서도 꿋꿋이 얼마 동안 애써 참고 살 수 있다. 그래서 물에 산소가 적으면 가끔 몸을 수직으로 세워 머리만 물 밖에 내

놓기도 한다.

건조한 시기에는 한사코 흙 깊숙이 굴을 파고들어 묵을 집을 만들고, 물 없이도 여러 달을 기척 없이 그냥 견디며 높은 염분이나 영하의 기온까지도 감히 버텨 이겨 내는 뒷심 좋은 지독한 동물이다. 드렁허리는 특이하게도 자성선숙雌性先熟하는 암수한몸이라 처음엔 모두 암컷으로 태어났다가 나중에 자라면서 그 일부가 수컷으로 바뀐다. 산란기는 6~7월이며 암컷이 500여 개의 알을 낳고, 물풀 사이에 거품집산란하기 위하여 거품과 끈끈한 진을 뿜어 내어 만든 둥지을 만들어 산란한다. 우리나라와 중국에서는 식용하는 것은 물론이고 약용으로도 쓴다고 한다. 중국의 상하이, 난징에서는 드렁허리 요리가 아주 유명하다고 하는데, 마늘, 죽순, 쌀 술, 설탕, 녹말가루를 넣어 식물성 기름에 튀긴다고 한다.

◘ 돌탑을 쌓는 어름치 *Hemibarbus mylodon*

아무리 싫다, 싫다 해도 집 없는 설움보다 더한 것이 어디 있겠는가. 그래서 다들 변변치 못해도 내 집 하나 마련하는 것을 지상 목표로 삼고 이를 악물고 억척같이 그것에 매달려 산다. 누구나 그렇듯이 필자 또한 게딱지만 한 집을 한 채 장만하는데 반평생을 홀딱 다 날려 버렸다. 필자가 전공하는 달팽이만

봐도 작은 배냇집을 지니고 태어나 자라면서 조금씩 불려나가니 "너희들은 허덕허덕 뼈 빠지게 주택청약부금 붓지 않아 좋겠다."고 부러워들 한다. 싫든 좋든 모든 동물이 애써 보금자리 치는 곳이 집 아닌가. 아무리 허름해도 제집만 한 곳이 없다! 여기서는 맑디맑은 강물에만 사는 한 물고기의 집짓기 이야기를 해보려고 한다. 그 주인공은 바로 어름치이다. 왜, 어쩌다가 이런 습성을 갖게 되었는지 알다가도 모를 일이다. 영어 보통 이름인 'spotted barbel'에서, 'spotted'는 몸에 점무늬가 있다는 뜻이고 'barbel'은 물고기의 수염이나 잉어 무리를 칭한다.

어름치는 잉엇과에 속하는 민물고기로 오래전에 벌써 천연기념물 제259호로 지정되었다. 물고기도 흔하면 괄시를 받지만 드물면 대접을 받는 법. 어름치는 제일 처음 우리나라 충청도 금강금산에서 채집하여 신종으로 기재한 한국 고유종으로 우리나라가 바로 원산지이다. 처음 채집하여 발표했던 그 금강에는 어름치가 이제 살지 않는다고 하니 비통한 일이 아닐 수 없다. 어름치는 '어름얼음'처럼 맑고 찬 물에 사는 '치녀석'라는 뜻이 아닐까? 이름만 들어도 무언가 순수하고 맑고 깨끗한 느낌이 드는 어름치는 세계적으로 도통 우리나라에만 사는 둘도 없는 희귀한 어류인데 사람들이 마구잡이로 잡고 수질도 오염시켜서 이제 보기 어려운 실정에 이르고 말았다. 그래도 다행히 한강 상류 일부에 남아 명맥은 잇고 있다 하며, 최근에는 어름치 치어를 금강에 방류하였다는데 어찌 되었는지 모르겠다. 아차, 가당찮은 '4대강 사업' 탓에 허둥대며 곤욕을 치르고 있지나 않는지 큰 걱정이 든다. 어름치야, 제발 죽지 말고 살아만 있어 다오.

어름치의 몸길이는 20~40센티미터이며, 입가에 작은 입수염이 1쌍 있다. 물이 1~2급수로 맑고 자갈이 많은 큰 강의 중상류에 살며, 은백색 바탕의 몸에 등은 짙은 암갈색이고 배는 희다. 옆구리에는 눈동자보다 작은 검은 점들이 7~8개 줄지어 있고, 등지느러미와 뒷지느러미에도 3개의 흑색 줄무늬가 나 있다. 이런 무늬들은 동종끼리 서로 알아보는 데 도움이 될뿐더러 경계색이나 보호색으로 작용하지 않을까 싶다. 필요 없이 존재하는 것은 없는 것이니 말이다. 수서 곤충이나 민물새우 등의 갑각류, 작은 벌레들을 먹고 산다.

어름치는 4~5월이면 수심 42~62센티미터, 유속은 초당 30센티미터 정도이면서 자갈이 많은 여울에 구덩이를 파고 알을 낳는다. 영리하기 짝이 없는 이 물고기는 빠른 물 흐름에 알이 떠내려가는 것을 막기 위해 길이 13~17센티미터, 폭 3~13센티미터, 깊이 5~8센티미터의 웅덩이를 후벼 파고 그 바닥에 1200~2300여 개의 알을 산란한 다음 알 위에다 잔자갈을 켜켜이 덮어 돌탑을 쌓는다. 이것이 어름치의 산란탑産卵塔인데, 길이 40~58센티미터, 폭 22~35센티미터, 높이 5~10센티미터의 타원 꼴이다.

우리나라 특산종인 이 물고기도 오염 물질로 뒤범벅된 심상찮은 강물에 무분별한 남획까지 겹쳐 지구를 떠나야 할 위기종이 되어서 무척 서럽고 아쉽다 하겠다. 어머니 지구를 온통 생채기 내는 못난 악머구리떼 인간들 탓에 다른 동식물들이 죽을 맛이다. "우리가 이렇게 홀대 받아 다 죽어 나자빠지면 네놈들은 어떻게 되나 어디 두고 보자."고 내지르는 물고기의 푸념과 절규와 원성이 들리지 않는가.

여름에 가뭄이 들겠다 싶으면 어름치는 강 깊은 곳에 집을 짓고, 홍수가 질 듯하면 강 가장자리에 탑을 쌓는다. 영물靈物이 따로 없다! 까치가 둥지를 높게 지으면 그해는 장마가 지고, 낮게 만들면 바람이 잦다고 하지. 한 해를 훤히 꿰뚫어 들여다보니 이들은 기상 예보관이요, 점쟁이다. 식물들도 뭘 알아서, 배추 뿌리가 크고 깊게 박히거나 무 뿌리의 겉껍질이 두꺼우면 그해 겨울은 춥다!

◘ 강과 바다를 넘나드는 황어 *Tribolodon hakonensis*

어름치와 같은 잉엇과의 물고기로 몸길이는 30~50센티미터이고 민물에서 부화하여 짠물로 나가 3~4년의 짧은 일생을 대부분 거기에서 보낸다. 바다에서 듬직하게 자라면 3~4월에 '황어 반 물 반' 이라는 말이 실감 날 정도로 촘촘히 무리지어 꼬리를 물고, 무리에서 소외되지 않으려고 무진 애를 쓰며 민물로 올라온다. 사람의 생각으로는 미루어 헤아릴 수 없이 이상하고 야릇한 것을 놓고 불가사의不可思議하다고 한다. 어떻게 제가 태어난 곳을 알고 찾아드는 것일까? 여태껏 강보다 먹이가 풍부한 바다에서 마음껏 먹이를 먹어 덩치를 한 짐 되게 늘리고, 잘 먹어 번들번들하게 성적으로 성숙한 커다란 녀석들이 기꺼이 제가 태어난 곳으로 설렁설렁 기우뚱거리며 뒤처지는 놈 없이 커다란 지느러미와 몸통을 휘저으며 바글바글 거슬러 올라온다. 연어, 뱀장어, 은어처럼 강과 바다를 거침없이 넘나드는 회유어回遊魚로 모천母川을 알아채고 지름길로 찾아들어 산란하는 귀소 본능은 연어와 어쩌면 그렇게 같을까!

우리나라에서는 오로지 남해안과 동해안으로 흘러드는 강에만 온다 하며, 강에 알을 낳으러 돌아오는 한두 달 동안 녀석들이 후려치고 돌아다니는 길목에 그물을 치거나 낚시를 해서 잡는다. 바닷가에서는 가을부터 봄까지 잡으며, 이때 잡은 것이 가장 구미를 당긴다. 주로 회로 먹거나 데쳐 먹고, 매운탕도 해서 먹는다. 강원도 양양에서는 매년 4월 초에 '황어축제'가 남대천 둔치에서 성대하게 열린다고 한다.

황어의 몸은 길고 양옆으로 약간 눌려진 상태로 머리는 원추형에 가깝다. 아래턱이 위턱보다 짧으며 입술은 매끄럽게 생겼고, 아래쪽으로 약간 굽은 측선 비늘은 60~100여 개로 아주 또렷하다. 등 쪽은 청갈색 또는 황갈색이며 배 쪽은 은백색으로 '황어黃魚'라는 이름은 몸의 색깔이 누르스름하기에 붙은 것이다. 산란기는 3~4월이고, 생식기에는 특히 수컷의 몸 전체에 혼인색이 나타나며 평소와 다르게 몸 옆에 3줄의 적황색 띠가 생긴다. 머리 다듬고 몸단장하여 맵시 내는 남자도 하나같이 여성의 눈에 띄기 위함이렷다! 두말할 필요 없이 그 역逆도 성립한다.

드디어 강을 오를 때는 암컷 한 마리에 여러 마리의 수컷이 옆서거니 앞서거니 한다. 어서 알을 낳으라고 암컷 몸을 슬슬 긁적거리고 부비고 부추기면서 말이지! 늦봄이면 길바닥을 누렇게 물들이는 송홧가루가 그렇듯이 왜 연어, 황어, 사람 할 것 없이 수컷들은 그 많은 꽃가루와 정자를 만드는 것일까? 이들은 강 중류, 수심 20~50센티미터 정도의 맑은 물이 흐르는 평평한 자갈 바닥에 펑펑 산란한다. 알은 지름 2밀리미터 정도의 옅은 황색으로 끈적끈적하여 모래자갈 바닥의 돌에 달라붙는다. 산란 후에는 망연자실, 초죽음이 되었다가 게거품을 물고 뻗어 버리니 이렇게 허무하게 세상과 인연을 다하고 만다.

암컷 황어는 산란할 때 수류 속도가 초당 5센티미터 정도로 느리고, 바닥에 모래나 굵은 자갈이 있는 곳보다는 자갈의 지름이 2~5센티미터인 곳을 좋아한다는 것을 일본 어류학자들이 알아냈다고 한다. 즉, 아무 데나 산란하는 것이 아니고 선택성이 있다는 것. 그리고 여러 마리 암수가 한곳에서 떼거리로 알과 정자를 잔뜩 뒤섞는데 이를 '집단 산란'이라 하니, 어류 말고는 이런 것을 보기 어렵다. 보통은 1대 1로 짝짓기를 하는데 말이지. 수정란은 보통 섭씨 15도의 수온에서 5일 후에 부화하는데, 수온이 높을수록 부화가 빠르다. 1년 뒤 몸길이는 10센티미터가 되고, 3~4년 후에는 다 자란다.

이들은 환경에 대한 저항력과 적응력이 강한 편이지만 보통은 비교적 맑은 물에 살면서 수서 곤충, 어린 물고기, 물고기의 알, 새우나 가재, 다슬기, 식물의 잎이나 줄기 및 씨앗까지도 마구잡이로 먹는 잡식성이다. 보통은 여울의 웅덩이에 머물지만 때로는 떼 지어 바깥으로 몰려나와 부착 조류나 물 위에 떨어진 곤충을 주워 먹기도 한다.

수구초심, 여우가 죽을 때 머리를 자기가 살던 굴 쪽으로 두고 죽는다고 하지. 정말이지 슬그머니 도둑처럼 청춘이 가고 덩달아 불쑥 백발이 다가오니 고향과 옛것이 자석처럼 잡아 끌어당긴다. 기어코 녹록찮은 이 삶을 접을 때가 머리맡에 왔으니 나도 이제 서둘러 황어 너희들처럼 귀향 열차에 몸을 실을 때가 됐다. 고향으로 돌아가야지. 가서 아름답게 삶의 마침표를 찍을 터다!

◘ 미호천美湖川에 산다고 미호종개 *Iksookimia choii*

미호종개의 '미호'는 충북 음성군 삼성면 마이산에서 발원하여 충북 진천군, 청원군 및 충남 연기군을 거쳐 남서쪽으로 흐르면서 금강에 합류하는 미호천美湖川에서 딴 이름인 바, 이 물고기는 우리나라에서도 그곳에만 서식한다. 이렇게 좁은 지역에만 살기에 자연히 멸종할 위험이 훨씬 높고, 또 물 흐름이 느리고 바닥이 모래와 자갈로 된 얕은 곳에 서식하므로 쉽게 잡힐 수 있다. 게다가 어느 강이 다 그렇듯이 폐수와 골재 채취 등으로 그 수가 크게 감소하고, 멸종할 처지에 놓여 있어서 1996년 1월 환경부가 특정 어종으로 지정하였으며, 허가 없이 포획할 수 없다. 정말이지 물고기의 눈망울에서 소리 없는 비명이 튀어나온다. '꽃밭에 불 지르는' 인정사정 하나 없는 극악한 훼방꾼, 얌체 인간 탓에 씨가 마른다. 이러다가 낭패 보고 큰코다칠 터인데…….

이 종은 미꾸리과 참종개 속에 든다. 산란기는 5~6월로 보지만 아직 그들의 생태, 생리, 발생은 제대로 알려지지 않았다고 한다. 학명이 붙은 지 얼마 되지도 않았는데 어느새 '익기도 전에 시들어 버리는 과일인 양' 지구에서 마침표를 찍게 된 불운한 물고기이다. 이 물고기는 우리나라 특산종이니 다른 나라로 시집을 갔더라도 우리나라가 친정집인 것은 말할 나위가 없다. 그런데 학명이 '*Iksookimia choii*'로 좀 서툴고 서먹한 느낌이 든다. 이 어류 학명을 자세히 보면 '익수 김김익수'과 '최'가 들어 있다. 그렇다. 얼마 전 전북대학교의 김익수 명예교수가 처음 발견하여 신종으로 발표한 종인데, 여기서 '최'는 김 교수의 은사이신 최기철 선생님의 업적을 기리기 위해 붙인 종명이다. 김 교수는 서울사대 생물학과를 졸업한 나의 후배인데 가물에 콩 나듯 하는 이런 훌륭한 교수를 동창으로 두다니!

보통 민물고기를 채집하면 썩지 않게 얼른 포르말린에 고정한다. 실험실에 와서는 표본을 끄집어내어 길이, 무게를 재고 식성을 알기 위해 배를 가르고, 살을 녹여 뼈를 추려 내고……. 김 교수는 눈과 피부를 자극하고 두통을 유발하는, 나중에 늦게야 발암 물질로 알려진 포르말린을 하도 만져 손가락 끝의 살이 홀랑 녹아 버려서 항상 반창고를 붙이고 다녔다. 불광불급不狂不及, 미치지 않으면 미치지 못한다! 광적으로 덤벼들어야 무언가를 이룰 수 있다는 뜻이 아닌가. 하지만 하나에 미쳐 살다 보면 흔히 이렇게 몸을 다치기 일쑤다. 채집을 다녀야 하는, 소위 말해서 '필드 바이올로지스트field biologist'들이 덜컥 불의의 사고로 낭패 보고 희생되는 일이 비일비재하다. 필자도 20년 넘게 산야의 달팽이와 강과 바다의 조개, 고둥을 채집하러 다니다가 난데없는 일로 몇 번 죽을 고비를 넘겼다. 사람이 다 타고난 명이 있나 보지…….

◘ 바다가 겁나 민물에 머무는 산천어 *Oncorhynchus masou masou*

보통 사람들에겐 산천어와 송어의 구분이 여간 어렵지 않다. 이들은 연어, 곱사연어가 속하는 연어과Salmonidae 연어속Oncorhynchus의 어류이며, 속명인 'Oncorhynchus'는 '갈고리'를 뜻하는 그리스 어 'onkos'와 '코'를 뜻하는 'rynchos'의 합성어로 주둥이가 갈고리 모양이라는 의미이다. 몸길이 20센티미터 내외인 산천어는 송어의 치어가 강물에 머물러 사는 육봉형陸封型으로, 바다로 내려가지 않고 딴청 부려 되레 상류로 올라가 거기서 평생을 사는 놈들이다. 왜 매양 그들이 그런 짓을 하는지 그 속셈을 아는 이 없으니…….

반면 송어는 다른 연어 무리들이 그렇듯이 건곤일척, 죽기 아니면 살기로 목숨을 걸고 바다로 내려가는 강해형降海型으로 결국 산천어와 송어 둘은 같은 종이고, 따라서 학명이 같다. 산천어는 깨끗하고 차가운 섭씨 7~15도의 물에 사는 냉수성 어류로 오로지 강의 최상류에 서식하며, 우리나라에서는 울진 이북에서 동해로 유입되는 하천(간성 북천, 양양 남대천, 청진)에 산다. 일본, 북미의 북부 및 알래스카, 러시아 등지에도 분포한다. 강원도 평창 등의 여러 곳과 춘천의 소양댐 바로 아래에서 양식을 할 수 있는 것도 바로 찬물이 흐르기 때문에 가능한 것이다. 물론 우리나라에서는 사는 지역이 국한되다 보니 송어와 산천어의 연구가 덜 된 것이 당연하다.

송어 옆줄은 옆구리 중앙 부위를 직선으로 지나고, 비늘 수는 112~140개이며, 몸은 좌우로 눌러진 꼴로 위턱은 아래턱보다 약간 앞으로 돌출되어 있다. 등지느러미는 몸의 중앙에 있고 작은 '기름지느러미'가 그 뒤에 붙어 있으며, 꼬리지느러미는 위아래가 둘로 두드러지게 구분된다. 기름지느러미adipose fin란 가시나 뼈가 없이 육질로만 되어 있는 지느러미로 등지느러미와 꼬리지느러미 사이에 있는 작은 육질 돌기를 말하며, 은어, 송어, 연어, 열목어 등의 어류에서만 볼 수 있는 고유한 특징이다.

송어의 등은 짙은 남색이고 배는 은백색이며, 옆구리에는 작은 암갈색의 얼룩무늬가 나 있다. 눈 둘레는 검은빛을 띠며 눈알에는 검은 반점이 흩어져 있다. 산란기에는 암컷과 수컷이 다 같이 흑갈색으로 변하고, 수컷은 강바닥을 파서 큰 산란장을 만들기 적합하도록 주둥이가 구부러지며, 몸의 양쪽 옆면에는 복숭아색의 불규칙한 구름무늬가 나타난다. 먹이는 주로 갑각류나 수서 곤충 등의 동물성이며, 볼썽사납고 망신스럽게도 제가 낳은 알을 덥석 주워 먹기도 한다.

송어라는 이름은 살 색이 불그레한 것이 적송赤松 색깔을 닮아 붙은 이름이고, 몸 색깔은 사는 환경에 따라 조금씩 다르게 나타나니 주변 환경과 맞추어서 자기 몸을 위장, 보호하기 위함이다. 야생의 것이 더 몸 색이 진하고 화려하며, 사육한 것은 사료에 따라 몸 색깔이 다르다. 바다에서 막 올라온 송어들은 잘 먹어서 하나같이 반듯하고 고운 은빛을 띤다. "먹다 죽은 귀신은 때깔도 좋다."고 사람도 다르지 않다.

강해형인 송어는 바다에서 성어가 되어 5월경에 강으로 거슬러 올라오니 이를 소하성溯河性이라 하며, 9~10월이면 물 맑고 자갈이 많이 깔려 있는 여울에서 수컷이 예리하게 굽은 주둥이로 알뜰하게 땅바닥을 후비고 꼬리지느러미와 뒷지느러미로도 세찬 물살을 일으켜 구덩이를 판다. 멀쩡한 강바닥을 발칵 뒤집어 가로세로 30~60센티미터, 깊이 30센티미터 정도의 엄청나게 큰 산란장을 만드니 솜씨를 알아줘야 한다. 암수가 문득 허겁지겁 어수선하고 부산해진다. 한 번 죽지 두 번 죽나. 암컷이 죽을힘을 다해 정성껏 2500개나 되는 알을 내리 낳을라치면 이어 '입 꼬리가 귀로 올라간' 수컷이 흥얼흥얼 거기에 다부지게 방정하고는 지체 없이 자갈과 모래로 수정란을 덮는다. 그러고 나면 암수 모두가 속이 시커멓게 타 들어간 산송장이 되어 벌러덩 누워 버리고 만다. 수정란은 섭씨 8도의 수온에서 60일 정도 경과하면 부화하여 몸길이 10센티미터 정도의 치어로 거듭나고 강이 얼기 전에 바다로 내려간다. 바다에서 3~4년간 자란 후 강으로 되돌아와 다시 산란, 방정하고 곧바로 명을 다한다. 길다고 하면 길고 짧다고 하면 더 없이 짧은 생을 그렇게 마감한다. 이들에 비하면 아주 오래 사는 우리네는 그래도 더 오래 살겠다고 아등바등거린다. 송어는 바다에서 성숙한 후에 고스란히 자기가 태어난 모천으로 돌아오는 본능을 가지고 있으며, 이 같은 모천회귀 본능은 이들 연어과 어류가 지닌 신비로움이라 하겠다.

다음은 산천어 이야기다. 앞에서 말한 산란 과정을 통해 부화한 치어 중 일부는 번번이 바다로 내려가지 않고 엇길인 강 위로 올라가기 급급하다. 이놈들이 바로 산천어이며, 그나마 99퍼센트 수컷이라 한다. 다시 말하지만 송어와 산천어는 생태적인 차이가 있지만 서로 교잡이 가능하므로 별종別種이 아니다. 바다에서 올라온 암컷이 산란하면 강에서 자란 산천어 수컷들이 제 놈들도 거기다가 방정한다. 못난이도 수컷 행세는 제대로 하는 셈이다. 강에 머문 산천어는 바다의 큰 송어에 비하면 족

탈불급足脫不及, 모양이 초라하고 몸길이도 3분의 1에 지나지 않으며 때깔도 좋지 못하니, 이는 바다에 먹을거리가 풍부하다는 것을 말한다. 수컷은 시답잖은 정자만 만들면 되기에 먹이가 적은 강에도 살 수 있지만 알 만드는 데 기름지고 풍성한 영양을 듬뿍 필요로 하는 암컷은 반드시 바다로 내려가 마음껏 먹어야 한다. 거참, 큰물에 놀라고 한 까닭을 알겠다! 산천어는 수서 무척추동물, 파리, 하루살이, 잠자리, 동물성플랑크톤도 먹지만 송어는 바다의 갑각류들을 주로 먹으니 먹이의 질이 다르다. 하지만 속담에 "산천어 굽는 냄새에 나갔던 며느리도 되돌아온다."거나 "산천어국은 둘이 먹다 셋이 죽어도 모른다."는 말이 있기는 하다. 강원도 화천의 산천어 축제를 이제 모르는 사람이 없게 되었지. 산천어의 옆구리에는 타원 꼴인 큰 무늬가 8~12개 있으니 이것을 '파 무늬Parr mark'라 하며, 이 무늬가 확실하고 일생동안 몸에 남아 있다는 것이 다른 연어 무리와는 다르다.

그런데 마냥 의문으로 남는 일이 있다. 실제로 자연 상태에서는 산천어가 하도 귀하기에 마구잡이 하기가 어림도 없는데, 그 많은 산천어가 어디에 있어 산천어 축제를 하고 산천어회를 여기저기서 파는 것일까? 그렇다. 송어 양식장에서 연어처럼 양식하는 송어 암컷에서 알을 채란採卵하고 거기에다 수컷의 정액을 섞어 수정, 발생시켜 자양분이 많은 사료를 먹여 키운다.

이 어린 송어를 산간 계곡에 뿌려 주니 이것이 산천어 방류요, 그 송어가 바로 산천어로 둔갑하는 것이다.

무지개송어Oncorhynchus mykiss라는 말을 들어 보았을 것이다. 북아메리카나 캄차카Kamchatka 반도 등의 강 상류나 산속 호수에 사는 육봉종으로 세계적으로 45개 국에서 키워 먹거나 스포츠용으로 도입되었다고 한다. 일촉즉발, 낚시 바늘에 걸려 옹골차게 몸부림칠 때 느껴 오는 손맛이 좋아서 낚시꾼들이 좋아하며, 때문에 다른 나라의 것을 가져와 강에 풀어 놓기도 했다. 이 물고기는 누른 녹청색으로 배를 제외한 몸통에 검은 점이 흩어져 있으며, 특별히 산란기에 붉은빛의 무지개 색을 띠므로 무지개송어라고 한다. 국내에는 1965년에 정석조 씨가 미국 캘리포니아 국립 양식장에서 송어알 1만 개를 들여온 것이 시초이고, 그분의 이름을 따서 '석조송어'라고도 한다. 몸길이는 약 80센티미터로 입 크기는 보통이며, 아주 작은 이빨을 가지고 있다. 역시 냉수성 물고기로 성장이 빠르고 번식력이 강하며 맛도 좋아 양식용으로 인기가 있다. 원산지에서는 강에서 1~3년 지내다가 바다로 내려가 주로 갑각류를 먹으면서 2~3.5년을 더 지낸 다음에 성적으로 성숙하면 강으로 올라와 산란하고 그냥 죽는다. 송어와 연어는 아주 맛이 비슷하여 서양에서는 연어를 송어로 속여 파는 수도 있다고 한다. 우리나라에서는 모두 가두리에 가둬 키울뿐더러 섣불리 도망을 갔다 쳐도 살기에 알맞은 냉수 지역이 흔치 않기에 문제가 안 된다고 하지만 다른 여러 나라에서는 자칫 자연계를 골병들게 하여 골치를 썩고 있다고 한다. 우리나라에도 많은 외래 어종이 강물 생태계를 많이 교란시키고 있으니 다 외국에서 비슷한 일을 당했던 일인데도 경험에서 배우지 못하여 그렇다. 아니다, 못 먹고 못 살 적에 고기 한 점이라도 더 먹자고, 살기 위해 그랬고, 자연이고 뭐고 눈에 보이지 않았을 적의 일이다.

◘ **겁쟁이 숭어** *Mugil cephalus*

「슈베르트 피아노 5중주 'The Trout'!」

이 곡을 간단히 다음과 같이 해설하고 있다. "1817년 슈베르트는 가곡 '○○'를 작곡했으니 ○○가 유쾌하고 명랑하게 뛰노는 광경을 그렸다. 거울같이 맑은 시냇물에 ○○가 화살처럼 헤엄치며 놀고 있다. 작중 화자作中話者는 이리저리 헤엄치는 ○○의 모습을 물끄러미 바라보고 있다. 그때 한 어부가 ○○를 잡기 위해 낚시를 드리운다. 그러나 물이 너무 맑아서 ○○가 잡히지 않는다. 결국 어부는 물을 흐려 놓은 후에 ○○를 간신히 잡았고, 작중 화자는 어부의 속임수에 걸려든 ○○를 당황스런 마음으로 바라보았다." 참고로, 고기를 잡으려고 물을 혼탁

하게 만드는 것을 '혼수모어混水模漁'라 한다.

그렇다면 여기서 ○○는 숭어일까, 송어일까? 무식한 필자도 음악을 하는 사람들이 송어trout를 숭어mullet로 잘못 번역하는 바람에 가끔 혼동하였던 적이 있었으니 이번 기회에 독자들도 확실히 알아 두자. "The Trout"!

이렇게 사람을 혼란스럽게 했던 숭어崇魚, 秀魚, 首魚는 숭엇과Muglidae의 물고기로 몸길이가 30~75센티미터이며, 세계적으로 17속 80종이 살고 있다 한다. 몸통은 옆으로 납작한 편이고 머리는 납작하고 편편하다. 눈은 다른 물고기에 비해 좀 위쪽에 붙어 있으며, 가을부터 기름이 오르기 시작해서 산란기가 되면 눈꺼풀에까지 기름기가 잔뜩 끼어 앞을 보지 못할 지경에 이른다고 한다. 입은 삼각형 모양이고, 측선이 없는 것이 특징이며, 꼬리지느러미는 둘로 깊이 갈라진다. 회청색 바탕의 몸에 등과 체측 윗부분은 짙고 복부는 은백색이다. 이처럼 대부분의 동물들이 '방어피음'의 특성을 띠고 있으니 배 바닥이 하얗고 등짝이 검푸른 까치를 곰곰 생각해 볼 것이다. 숭어는 펄에 들어 있는 유기물을 주식으로 하며 식물성플랑크톤이나 다른 조류를 먹기도 한다. 숭어 닮은 것으로 등줄숭어속의 등줄숭어와 가숭어가 있다. 숭어는 대부분 수컷보다 암컷이 크다.

우리나라에서는 전남의 영산강 하류, 즉 담수가 스미는 바닷가가 참숭어 산란장으로 유명했다고 한다. 봄에 3~6센티미터 크기의 새끼들이 으레 하구에 나타나고 그것들이 중류까지 차츰 올라가면서 자라다가 가을에는 바다로 내려간다. 다시 말하면 숭어는 염도에 강한 광염성 바닷물고기이나 어린 새끼일 때는 민물 또는 민물과 바닷물이 섞이는 기수에서 살다가 얼마쯤 자라면 시급히 바다로 내려가는 습성이 있다.

숭어는 겁쟁이라 쉽게 놀라며, 자칫 겁을 먹으면 안절부절 못하고 물 위로 뛰어올라 곤두박질치는 성질이 있다. 그래서 옛날에는 배에다 기다란 널빤지를 매달고 가다가 깡통을 꽝꽝 두들겨 그 소리에 놀라서 널빤지 위로 튀어 오르는 숭어를 지체 없이 잡아채곤 했다 한다. 서양에서도 '기절한 숭어처럼like a stunned mullet'이라는 말이 있으니 순간적으로 움직이지 않고 멍한 상태를 이르는 말로 숭어의 습성을 잘 표현하였다 하겠다. 숭어는 회, 소금구이, 생선국, 찜 등으로 먹는다. 우리나라의 동해와 서해, 남해 전 연안에 분포한다.

◘ 별난 부성애를 가진 동사리 *Odontobutis platycephala*

농어목Perciformes 동사리과Odontobutidae 물고기로 우리나라에서만 서식하는 한국 고유종이다. 몸길이는 10~13센티미터이며, 체색은 황갈색으로 온몸에 암갈색의 무늬가 퍼져 있다. 통통한 몸에 머리는 짧고 크며, 눈은 작고 무척 머리 쪽으로 치우쳐 있다. 머리가 심하게 아래위로 납작한데, 아니나 다를까 종명의 'platy'는 '납작하다', 'cephala'는 '머리'를 의미한다. 입이 크고 아래위턱에는 예리한 이빨이 많이 나 있으며 아래턱이 위턱보다 조금 크다. 몸 옆에는 7~8줄의 분명하지 않은 연회색 가로띠가 있고, 제2등지느러미와 뒷지느러미에는 여러 개의 암갈색 얼룩무늬가 있다. 비늘은 거칠고 큰 빗비늘이며, 강한 육식성으로 수서 곤충류, 게, 새우, 각종 어류 등을 닥치는 대로 탐식하는 폭군이다. 금강 이북의 서해로 유입하는 한강 등지에 사는 '얼룩동사리' 1종이 더 있다.

강의 상중류, 유속이 느리고 강바닥에 모래나 자갈이 많은 곳을 좋아하며, 돌 밑이나 움푹 파인 곳에 몸을 숨긴다. 산란하는 기간은 6월 하순에서 7월 중순경이며, 넓적한 돌 밑을 파내고 그 밑에다 몸을 180도 뒤집어 배가 하늘로 가게 하여 돌바닥에다 알을 붙인다. 알은 1.2밀리미터 정도의 구형으로 부착란附着卵이며, 수온이 많이 오른 시기에는 2주면 너끈히 부화한다. 우리나라 중부 이북의 동해로 유입되는 하천을 제외하고는 거의 전국적으로 분포한다. 다른 물고기보다 생존력이 훨씬 강해서 근래에는 수조에서 관상용으로 키우기도 하며 그러기에 그들의 행동과 생태 연구가 쉬운 편이다.

내 인생이 동사리와 꽁꽁 얽혀 있다면? 동사리는 지역에 따라 산란기에 수컷이 '구구' 소리를 낸다 하여 '구구리', '꾸구리'라고 하며, 어떤 곳에서는 '둑지게'라 부르고, 우리 시골에서는 '망태'라 부르며, 내 집사람의 고향인 경북 청송 지역에서는 '뚜거리'라 한다. 그런데 집사람의 어릴 때 별명이 바로 '뚜거리'였다고 한다. 동사리를 잡아 보면, 사람이 아주 가까이 올 때까지 요지부동搖之不動하고 바닥에 떡하니 납작 엎드리고 있다가 백척간두百尺竿頭, 아주 위험해야 내빼는 성질이 좀 순한 물고기임을 알 수 있다. 집사람이 어릴 때는 뚜거리처럼 착하고 순했던 모양이다. 결혼 초에도 그렇게 고분고분했는데 지금은 세상에서 둘도 없이 무서운 호랑이가 되어 있으니……. 이것이 동사리와 나의 숙명적인 인연이다.

우리 시골, 경남 산청군 단성면에는 지리산의 중산리에서 발원하여 진주의 진양호로 흘러가는 꽤나 큰 덕천강이 지나기에 민물고기와는 어릴 때부터 친했다. 특히 다슬기나 물고기는 단백질원으로 아주 귀한 것이었기에 절로 그들의 생리, 생태를 꿰차지 않을 수 없다. 한여름에는 오전에 일찌감치 풀 한 짐 해놓고는 윗도리는 훽 벗어던져 버리고 달랑 대나무로 만든 창 하나만 들고 강으로 내닫는다. 대나무 통 끝에 미늘이 붙은 굵은 철사를 끼우고, 그 반대쪽 고부라진 '기역(ㄱ)'자 철사 손잡이에 고무줄을 이어 끌어당겨 홈 파진 대통에 걸었다가 놓으면 '팍' 하고 쏜살같이 고기를 찌르는 수제 작살이다. 벌써 눈에는 모래무지, 망태 등 물고기가 어른거린다. 강바닥에 초점을 맞추고 기웃기웃하면서 살금살금 물소리 내지 않고 까치걸음으로 강을 거슬러 올라간다. 이 봐라! 손바닥만 한 '망태'가 머리를 물살 쪽으로 두고 의연하고 천연덕스럽게 엎드려 있다. 눈치 못 채게 창끝을 잘 겨누고 탁! 마침내 방아쇠를 제쳐서 창을 쏜다. 예리한 창끝에 배를 찔려 퍼덕거리는 놈을 조심스레 뽑아 한쪽 아가미뚜껑을 벌리고 버들강아지꽁이수갑, 열쇠를 이르는 말를 끼워 커다란 입으로 빼낸다. 그러나 백발백중百發百中이 어디 쉬운가. 알아채고 눈 깜짝할 사이에 홀쩍 내빼는 날에는 끝까지 쫓아가지만 놓치고 만다. 시큰둥한 것이 멋쩍고 울화통이 터진다. 놓친 고기가 더 크게 보인다고 했지. 이렇게 글을 쓰면서 선뜻 어린 시절을 스쳐 돌아올 수 있어 좋다!

녀석들은 알을 돌 아래에 붙인다고 했다. 잦아진 강물 중간에 물에 살짝 잠긴 넓적한 돌이 있으면 필경 예의 주시해야 할 대상이다. 돌 자락을 내 예민해진 손으로 슬그머니 더듬는다. 돌과 바닥이 맞물린 자리에 손가락 하나 들어갈 만한 작은 틈새가 손끝에 만져진다. 틀림없이 동사리 집이요, 그들이 드나드는 문이다! 손가락으로 근방의 모래흙이나 걸림돌을 파내다 보면 돌 밑 깊숙이에 갑자기 큰 광장(?)이 생겨난다. 거기에 조심스럽게 손을 밀어 넣으면 결국 꼼지락거리는 미끈한 물고기 한 마리가 내 손 안에 들어온다. 동사리 수컷이다. 수컷은 산란기가 아닌 때에도 텃세 행동을 하며, 지금은 거룩하신 지아비가 되어 알을 지키고 있는 것이다. 바다의 해마海馬를 위시하여 어류 중에 특별히 부성애父性愛가 강한 무리가 더러 있다. 그럼 암컷은? 새끼가 싫어서 가는 것이 아니다. 힘을 모아 동생들을 낳을 준비 중!

손등이 아래로 가도록 손바닥을 뒤집어 돌 밑에 쑤욱 넣으면 와글와글, 몰랑몰랑, 야들야들한 알이 잔뜩 만져진다. 아마도 1000개가 넘을 것이다. 그 알에서 나온 새끼 중에 다른 것들에게 먹히고 남는 것은 여남은 마리나 될라나. 어쨌거나 가끔씩 벌러덩 거꾸로 드러누워 지느러미를 흔들어 맑은 물 흘려 주고 이끼 끼지 않게 알을 문지르고 할 보호자인 아비를 그만……. 지금 생각하니 동사리들에게 참 미안하다. 후회한들 무슨 소용 있을까만, 그러지 말 것을. 아비는 어쩌다 대뜸 나에게 체포당해 버리고 말았으나 특별히 다른 물고기가 잡아먹으러 오지 않는 한 아비가 없어도 스스로 부화할 터라 모래를 쓸어 모아 입구를 느슨하게 다독여 틀어막아 놓는다. 살생하지 말라! 허나 먹을거리가 워낙 부족한 시절이라……. "사흘 굶어 남의 집 담장 넘지 않는 사람 없다."고 하듯이 그만 남의 목숨을 기웃기웃 탐내고 말았다.

◘ 극락어極樂魚라 부르는 버들붕어 *Macropodus ocellatus*

버들붕어는 농어목 버들붕어과Belontidae의 민물고기로, 학명 '*Macropodus ocellatus*'에서 'macro'는 '크다', 'podus'는 '지느러미'를 일컫는 말이며, 'ocellatus'는 '눈'으로 아가미뚜껑에 눈알 꼴의 점이 있음을 뜻한다. 이름에 붕어가 들어 있어 잉어목 잉엇과의 붕어와 비슷한 종류로 여기기 쉬운데 단지 '버들잎처럼 납작하고 붕어를 닮았다' 하여 붙여진 이름일 뿐 분류상으로는 서로 아주 멀다.

몸길이 4~7센티미터로 형태는 긴 타원형에 가까우며 좌우로 눌려 납작하다. 입은 매우 작지만 약간 위를 향해 비스듬히 벌어져 앞으로 돌출하고, 아래턱이 길어서 앞으로 나와 있다. 눈은 큰 편이고 옆줄은 없으며, 비늘은 빗비늘로 머리와 몸통 옆면, 배 전체에 덮여 있다. 꼬리지느러미는 둥그스름하고, 몸통 옆면에 10개 이상의 담홍색 가로무늬가 있으며, 아가미뚜껑 뒤 가장자리에 눈알보다 조금 작고 동그란 눈을 닮은 청색 반점이 있다. 워낙 호사스럽고 단아하고 산뜻한지라 이 물고기를 치켜세워 '파라다이스피쉬paradise fish, 극락어'라 부른다!

몸은 전반적으로 암황색이며 등 쪽은 암녹색이고 배 쪽은 담갈색이다. 암수 모두 등지느러미와 뒷지느러미는 아주 길며, 수컷이 암컷보다 덩치가 클뿐더러 등지느러미, 뒷지느러미, 꼬리지느러미도 길어서 쉽게 구별된다. 지느러미는 일반적으로 몸 색깔보다 밝은데, 특히 산란기가 되면 수컷의 몸통 뒷부분은 흑색으로 바뀌고 앞은 갈색 바탕에 흑색 가로무늬가 매우 뚜렷해지며 모든 지느러미의 색깔이 화려해진다. 암컷들의 눈길을 끌자고 그러는 것으로 여느 동물치고 그렇지 않는 것이 없다! 하지만, 사람은 특이하게도 타 동물과 달리 여자가 맵시 내기에 바쁘고, 시간과 에너지를 더 들인다.

버들붕어는 수로, 늪, 연못, 웅덩이와 같이 물이 괴고 수초가 우거진 곳에 살며, 육식성으로 주로 수서 곤충류를 잡아먹는다. 산소가 부족하거나 더러운 물에서도 여간해서는 잘 죽지 않는 내성耐性을 가진다. 다시 말하면 이것들은 아가미 호흡뿐만 아니라 공기 호흡도 하기에 산소가 좀 부족해도 산다. 버들붕어를 키워 보면 가끔 물 표면까지 올라와 입을 뻥긋뻥긋거리는 것을 볼 수 있는데 그것이 바로 앞에서 나온 드렁허리처럼 공기 호흡을 하는 것이다.

녀석들의 산란 행동은 좀 별나다. 알을 낳는 시기는 6~7월인데 이때쯤엔 암컷을 차지하기 위해 수컷들이 매우 사나워져

일정한 행동반경에서 결기 부리며 걸핏하면 무섭게 혈투를 벌이니 물고기의 싸움이라지만 보는 사람이 소름끼칠 정도로 잔인하다. 그래서 버들붕어를 '투어鬪魚'라고도 하는 것. 수컷은 예사롭지 않게도 입에서 거품과 끈끈한 진을 내어 수면에 동그란 거품집을 가까스로 지은 뒤에 암컷을 유인하여 길잡이를 한다. 아니, 세상에 물거품으로 집을 짓다니!? 암컷들은 이놈 저놈이 주변을 서성거리면서 애타게 조르고 꼬드겨도 마뜩지 않아 하며 퇴짜를 놓다가 그중 수컷 하나가 제 맘에 들었다 하면 문득 체색이 야한 우윳빛으로 바뀌면서 흔쾌히 좋다는 신호를 보낸다. 사람도 그렇지만 일반적으로 성의 선택은 암컷이 하는지라 이를 'female choice'라 하는 것.

나에게 오기만 하면 호강시켜 주겠는데, 하고 속으로 끙끙 앓으며 벼르던 수컷은 배우자를 오붓하고 살갑게 맞아 온몸으로 잽싸게 휘어감아 부둥켜안고 180도 회전하면서 암수의 생식공이 위의 거품집을 향하게 한 다음 가뿐히 치솟아 3시간 동안 여러 번에 걸쳐 산란과 방정을 이어간다. 알은 보통 200~300개를 낳으며, 수컷은 강력한 세력권을 형성하면서 알과 치어를 보살핀다. 갓 깨인 새끼가 거품집 밖으로 나오면 번번이 입으로 물어다 집 안에 넣어 주면서 거품을 뿜어 집수리를 계속하며, 이때는 방금 알을 낳은 암컷 어미가 가까이 와도 내쫓는다. 알은 사나흘이면 부화하고 치어들이 헤엄을 치기 시작하면 아비의 보호 본능이 느슨해지면서 무관심해진다. 그것들의 수명은 약 5년이라 한다. 암튼 어질고 갸륵하며 거룩한 아버지이시다! 수치스럽고 안타깝게도 벌써 환경이 거덜나고 망조가 든 터라 그들도 이미 설 자리를 잃어가고 있다 한다. 우리와 그들이 함께 동고동락同苦同樂할 순 없을까? '나의 천적은 바로 나'라 하더니만…….

◘ 일본에서 판치는 우리 가물치 *Channa argus*

"사람은 과거를 먹고 산다."는 말에 일리가 있어 보인다. 요즘 와서 자꾸만 고개를 뒤로 돌리고 살아온 옛길을 물끄러미 되돌아보는 버릇이 생겼다. 막장에 다다랐으니 앞으로 걸어갈 길이 얼마 남지 않아 그런가 보다. 꿈이 없으니 마냥 그런 것이리라. 모처럼 가물치에 대해 쓰겠다고 정하고 나니 벼락같이 옛 기억이 세차게 몰려온다. 겨울이었을 것이다. 산후 보혈產後補血에 좋다 하여 팔뚝만 한 가물치 한 마리를 서울 경동시장 어귀에 있는 어물점에서 샀다. 집에 와 훨훨 타오르는 연탄불에 큰 솥을 얹고 지긋이 달군 다음 바닥에 참기름을 두르고 녀석을 확 집어넣었다. 솥뚜껑을 후딱 덮고 두 손으로 꽉 누른다. 있는 힘을 다해서 말이다. 녀석이 얼마나 힘이 센지 온 솥이 덜거덩, 덜

컥거린다. 하아, 솥 바닥이 얼마나 뜨거웠을까? 그러다가 잠잠해진다. 숨을 거둔 것이다. 지금도 이마와 등에 땀이 쭉 배는군!

가물치는 우리나라 전국의 큰 강과 호수는 물론이고 작은 연못에도 서식한다. 다시 말해서 가물치가 가장 좋아하는 환경은 저수지나 늪과 같이 물의 흐름이 거의 없고, 물풀이 많이 나 있는 곳이다. 동물에 '서식'이라는 단어를 쓴다면 식물은 '자생'이라고 한다는 것을 알아 두면 좋다. 서양 사람들은 가물치 머리가 뱀을 닮았다고 하여 'snake head'라 하고, 중국에는 뱀이 변하여 가물치가 되었다는 전설이 있다고 한다. 몸은 원통형이고, 머리는 긴 편이며 입이 크다. 몸은 황갈색이거나 암회색이고, 몸 전체에 검은색의 마름모꼴 반문斑紋이 퍼져 있다. 식성도 좋아서 작은 물고기는 물론이고 개구리도 잡아먹으며 배가 고프면 병든 친구나 제 새끼까지 마구잡이로 먹는다고 한다. 사람이나 동물이나 식성이 좋은 것이 생존력도 강하다! 음식 까탈부리는 사람 치고 성질머리 좋은 사람 없다 한다. 식성을 보면 그 사람이 보이는 법.

가물치는 보통 때는 아가미로 호흡하지만 물이 없으면 아가미에 있는 부속 기관을 이용하여 공기 호흡도 하기에 비 온 뒤 늪지에 나와서도 며칠을 너끈히 견디며, 수온이 높아 산소가 부족한 곳이나 부패하여 악취가 날 정도의 물속에서도 정상적인 생활을 할 수 있다. 시린 겨울에는 깊은 곳으로 이동하여 진흙 속이나 물풀이 밀집된 곳에 몸을 반쯤 묻은 채 동면에 들어간다. 누가 뭐래도 무척이나 생명력이 질긴 물고기임에 틀림없다. 놈들은 집 짓는 데 백전노장百戰老將이라 물풀을 뜯어 모아서 지름이 1미터나 되고 물에 둥둥 뜨는 야트막한 산란 둥지를 만들며 거기에다 서둘러 알을 낳는데, 한꺼번에 낳는 알은 평균 7000여 개나 된다. 그러고 나면 암수 모두가 지친 탓에 파김치가 되어 그만 스러져 탈기脫氣하고 만다.

광활한 미 대륙의 생태계를 아시아산 민물장어드렁허리가 성가시게도 뒤죽박죽으로 만들어 놓는다고 하는데, 드센 우리 가물치도 일본을 휩쓸고 거기서 판을 친다면 믿겠는가. 1923년경에 일부러 들여간 가물치는 일본 본토의 모든 평야 지대에 널리 분포하게 되었고, 근래는 홋카이도에까지 올라갔다고 한다. 힘세고 억센 민물고기, '가무루치kamuruchi'가 일본을 평정하였다. 아주 공격적인 종이라 일본 토종 어류 따위를 싹쓸이하니 '말썽꾸러기', '죽일 놈' 취급을 받고 있을 터다. 그것들이 미국으로도 흘러들어 근래 그곳에서도 경계를 늦추지 못하고 있다는 기사가 쏟아져 나오고 있다 한다.

어디 그뿐일라고. 어떻게 건너갔는지 정확하게 모르지만 잉어가 유럽은 물론이고 미국에서도 판을 친다. 미시시피 강에 처음 풀었던 잉어가 재빨리 삶터를 넓혀서 미네소타까지 북상했다고 한다. 또 미국 샌프란시스코 해안에서 캐나다 밴쿠버 쪽으로는 우리나라 미더덕 멍게의 일종이 바다를 집어삼킬 듯 도도히 퍼지고 있다 한다. 식물 중에서는 해안가에서 자생하던 갈대가 담수호인 오대호까지 주저 없이 퍼져 나가는 모습을 두고 이 지역 언론이 "아시아가 미국을 점령하고 있다."라고 언짢아했다 하며, 심지어 칡도 한몫 거들어 눈엣가시가 되었다고 한다. 이미 당하는 데 이골 난 우리지만 오랜만에 이렇게 되레 우리 것들이 걷잡을 수 없이 남의 땅을 공격해 들어간다는 것을 알리고자 한다. 동식물은 국경이 없으니 뿌리내리고 살면 거기가 제 고향이다. 안 그런가?

2) 물과 뭍에 사는 양서류(兩棲類, Amphibian)

양서류를 의미하는 영어 단어 'Amphibian'의 'Amphi'는 '양쪽', '-bios'는 '삶'을 의미하는 말로 물과 뭍 두 곳에 다 산다는 뜻이다. 그러나 수륙 양쪽을 들락거리면서 산다는 뜻이라기보다는 새끼는 물에서 자라고, 커서는 땅에 산다고 하는 것이 더 옳다. 그래서 양서류를 순 우리말로 '물뭍동물'이라 부른다고 한다. 개구리 닮은 전쟁 도구가 있으니 물과 땅을 다 돌아다니는 '수륙양용탱크amphibious tank'가 그것이다. 양서류강에는 개구리나 두꺼비 무리같이 꼬리가 없는 무미목無尾目, Anura, 도롱뇽salamanders이나 영원류蠑螈類, newts같이 성체가 되어서도 평생 꼬리를 가지는 유미목有尾目, Caudata, 그리고 다리가 전혀 없어 큰 지렁이를 닮아 보이는 무족목無足目, Apoda인 시실리안Caecilian 등이 있다. 앞에서 이야기한 개구리, 두꺼비, 도롱뇽 무리는 우리나라에 살지만 영원과 아프리카 등지에 굴을 파고 사는 시실리안은 한국에 살지 않는다.

양서류는 4개의 다리를 갖는 사지동물四肢動物이며 변온 동물로 아가미 호흡에서 허파 호흡으로 변태變態하는 특징이 있다. 도롱뇽 무리는 변태가 끝나 성체가 된 후에도 유생의 특징이 평생 남아 있는 유형 성숙幼形成熟을 하는 수도 있다. 모두 난생으로 물에 알을 낳으며 여러 가지로 파충류와 유사한 점이 많다. 사막 등 환경이 아주 안 좋은 곳에서는 어미가 등에 올챙이를 짊어지고 다닌다거나 입에 넣어 발생시키는 것들도 있다.

올챙이에서 성체로 변태하면서 나타나는 큰 특징이 여럿 있다. 개구리나 두꺼비는 꼬리가 없어지면서 4개의 다리가 생겨나고, 아가미가 없어지면서 허파가, 살갗이 마르지 않게 습기를 조절하는 점액선이, 눈에 눈꺼풀이, 귀에 고막이 생긴다.

우리나라에는 도롱뇽 4종도롱뇽, 제주도롱뇽, 고리도롱뇽, 꼬리치레도롱뇽, 무당개구리 1종, 두꺼비 2종두꺼비, 물두꺼비, 맹꽁이 1종, 청개구리 2종 청개구리, 수원청개구리, 개구리 7종 참개구리, 금개구리, 북방산개구리, 계곡산개구리, 아무르산개구리, 옴개구리, 황소개구리 등 모두 합쳐 17종의 양서류가 살고 있다. 열대 우림 지대의 큰 나무 하나에 사는 종 수보다 적다고 하니, 우리나라는 양서류나 파충류가 살기엔 아주 부적합한 기후라 한다. 아울러 황소개구리가 우리나라 양서류 목록에 올라 있는 것도 눈여겨 보아 두자. 어쩌겠는가. 여기가 좋다고 살고 있는 것을.

이름도 멋지게 붙인 '비전vision상실증후군'이라는 것이 있다. 찬물이 들어 있는 비커에 개구리 한 마리를 넣고 알코올램프로 서서히 가열하면 처음에는 얼씨구 좋다, 하고 헤엄치며 빈둥빈둥 놀지만 물이 섭씨 45도 정도가 되면 개구리는 이상하다는 느낌이 들어 비커를 빠져나가려고 발버둥을 치다가 결국 그 안에서 죽고 만다. 만일 섭씨 45도의 뜨거운 물에 개구리를 바로 집어넣는다면? 분명 발악하면서 뛰쳐나올 것이다. 이렇게 모든 생물은 조금씩 변하는 환경에 매우 아둔하다. 그러므로 물이 뜨거워지는 것도 느끼지 못하는 비커 안의 개구리처럼 아무 생각 없이 마냥 현실에 만족하면 안 된다. 재빠르게 변하는 여러 환경에 서둘러 적응하지 못하면 자연히 도태되고 만다! 모름지기 죽기 살기로 변하고 바뀔 것이다!

◘ 꼬리를 자절自切하는 도롱뇽 *Hynobius leechii*

도롱뇽은 양서강 유미목Caudata 도롱뇽과Hynobiidae의 동물로 한국 고유종이고 전국에 골고루 분포한다. 이 종 외에도 우리나라에는 제주도롱뇽제주도와 전라남도 일부 지역에 분포함, 고리도롱뇽고리 원자력발전소 근처에만 서식함, 꼬리치레도롱뇽 등 모두 4종이 살고 있다. 이들 4종의 생태가 유사하여 여기서는 그 대표로 도롱뇽만 이야기하고자 한다.

꼬리치레도롱뇽은 몸이 길고 황갈색의 등짝에 골고루 암갈색의 점무늬가 퍼져 있다. '치레'라는 말은 '잘 여미고 매만져서 모양을 내는 일'을 말하고 예쁘다는 의미가 들어 있으니, 다른 것들과는 달리 꼬리에 무늬가 있어서 그런 이름이 붙은 듯하다. 훌쩍 40년도 더 지난 어느 여름, 채집을 할 때다. 제주도 한라산 백록담의 물가 언저리에서 제법 큰 돌 하나를 안간힘을 다해 뒤집었더니만 수줍은 듯하면서도 나를 말똥말똥 노려보던 '제주도롱뇽'이 갑자기 머리를 내리 처박는다. 두말하면 입 아프지, 저도 놀라고 나도 놀랐다. 궁지에 몰리면 모래에 머리를 처박고 움직이지 않는 것이 타조의 습성으로 이를 '타조효과ostrich effect'라 하지 않는가. 이 녀석도 눈만 감으면 위기를 모면할 수 있다고 생각하기에 그렇게 머리를 박는다.

그건 그렇고 언제 어떻게 그 뒤뚱뒤뚱 느림보가 외지고 까마득하게 드높은 1950미터 가까이를 끝내 올랐단 말인가. 신통한지고! 한때 그들이 구설수에도 올랐으니, 이들을 지키느라 기차 굴을 오랫동안 뚫지 못해 속앓이 했던 일이 우리나라에도 있었지. '노인이나 어린아이는 돌보기 나름'이라고 하찮아 보이는 저 생물들도 보살피기 나름인 걸.

도롱뇽은 파충류인 도마뱀처럼 몸이 부드럽고 코가 짧으며 긴 고리를 가진 것이 특징이다. 도롱뇽의 몸길이는 수컷 17~18센티미터, 암컷 18~19센티미터로 암컷이 조금 크다. 피부에서는 독을 분비하기도 하지만 페로몬pheromone도 분비하여 짝을 유인한다. 세계적으로 작은 것은 꼬리까지 포함하여 2.7센티미터 남짓한데 반대로 중국산 1종은 몸길이 1.8미터에 무게가 65킬로그램이나 되는 것도 있다 한다. 한살이는 개구리나 두꺼비와 별 차이가 없고 개울, 연못, 산간 계곡에 서식하며, 3월 중순에서 5월 중순경까지 물속의 돌 밑에 산란한다. 몰랑몰랑하고 탱탱한 2개의 엷은 황색 한천질의 알주머니를 만드는데, 그 속에는 까뭇까뭇한 알이 평균 12~20개가 들었다.

이른 봄이다. 옛날엔 서울 탑골공원 앞 큰길가에 아주머니들이 도롱뇽 알을 함지박에 한가득 가지고 와 팔았으니, 지나치던 중년 아저씨들이 그것을 사서 알주머니를 씹지도 않고 통째로 후루룩 들러 마셨다! 거기에 기생충 따위는 없었을까? 자칫

혹 떼려다 혹 붙이는 수도 있는 법인데 말이지. 암튼 남자는 정력에, 여자는 예뻐지는 데 좋다면 물불을 가리지 않는다는 것은 우리 모두 잘 알고 있으매.

도롱뇽 유생은 보통 2년간 수중 생활을 하는 것으로 알려져 있으며 자라면서 계속하여 탈피하고, 벗은 허물을 알뜰히 주워 먹는다고 한다. 피부에 흥건하게 분비하는 점액은 피부의 습도를 유지하고, 물에서 염분 균형을 맞추며, 유영하는 데 윤활유 역할을 한다. 혀끝에도 끈적끈적한 점액이 있어서 먹이를 잡는 데 도움을 준다. 개구리의 올챙이와 달리 도롱뇽의 올챙이는 작은 이빨들이 아래위턱에 많이 나 있다.

도롱뇽의 머리는 대체로 작고 편평하면서 달걀 모양이고, 주둥이 끝은 둥글다. 눈은 크고 돌출되어 있으며, 꼬리는 머리와 몸통을 합친 길이보다 길고 대체로 원통형이다. 꼬리의 뒷부분만이 약간 세로로 길고 끝은 뭉뚝하며, 등 쪽 중앙에 1개의 세로 홈이 있다. 앞다리, 뒷다리는 모두 긴 편이고 발가락은 약간 짧고 편평하다. 번식 시기에는 암수 모두 발가락 끝에 검은색 발톱이 나타나며 거미, 실지렁이, 지렁이, 쥐며느리 들을 먹는다.

어떤 종은 허파로 호흡하지만 보통은 아가미로 호흡하며, 머리 양쪽에 쫑긋 나온 바깥 아가미 뭉치가 보인다. 가까스로 성체가 되어도 아가미를 버리지 않고 갖고 있으므로 물속에서도 지낼 수 있으니 이 덕분에 세계적으로 널리 분포할 수 있는 것인지도 모르겠다. 이들 중에는 성체가 다 되어 생식 활동을 하면서도 어린 시절의 그 아가미를 그대로 갖고 있는 놈들이 있다. 이처럼 형태는 유생인 채 성적性的으로 성숙해지는 것을 '유생 성숙幼生成熟' 또는 '유형 성숙幼形成熟'이라 한다. 비유하여 말한다면 몸은 다 자라도 마음은 어린 것이다. 늙어도 치기稚氣를 잃지 말아야 건강할 수 있다 하지 않는가? 거짓 없는 참된 마음인 적심赤心은 어린이에게서만 찾을 수 있다. 초심初心인 동심童心을 오래오래 간직한 채 마냥 어리게 살 것이다.

도롱뇽 무리는 세계적으로 500여 종이 살며 개구리 무리와 마찬가지로 개체와 종 수가 점점 줄어들고 있는 추세라고 한다. 모든 도롱뇽은 개구리처럼 발가락이 앞다리에 4개, 뒷다리에는 5개이고 발톱은 없다. 축축한 살갗을 유지하기 위해 늘 물 가까운 곳이나 습기가 많은 곳에 살며, 어떤 종은 평생 물속에서, 또 어떤 종은 물속을 쉼 없이 들락거리고, 어떤 종은 완전히 땅 위에서 산다. 땅 밑에서만 사는 무리는 눈이 퇴화했으며, 물에 주로 사는 무리는 올챙이나 성체나 다 옆구리에 물고기처럼 옆줄을 가져서 수압水壓 등을 느낀다. 게다가 도마뱀처럼 미련 없이 꼬리를 자절自切하여 포식자로부터 도망친다. 떨어져 꿈틀거리는 꼬리에 천적이 한눈을 팔면 그 사이에 도망을 가거나 가만히 숨으며, 역시 몇 주만 지나면 잃어버린 꼬리가 다시 자란다. 꼬리가 아닌 다리를 잃었어도 간신히 상처가 아물면서 새살이 차 재생하는 유일한 척추동물이라 한다.

◘ 멍텅구리라는 별명을 가진 맹꽁이 *Kaloula borealis*

무미목Anura 맹꽁잇과Microhylidae의 양서류로 입이 작고 땅을 파고드는 성질이 있어서 'digging frog'라 하며, 종명 'borealis'도 '구멍을 판다'는 뜻이다. 이 무리는 개구리과도 아니고 두꺼비과도 아닌 맹꽁잇과로 개구리와 두꺼비와는 특징이 많이 다르다. 맹꽁이의 비슷한 말이 '멍텅구리', '바보', '맹물', '맹추'이며, "누가 저런 맹꽁이하고 친구를 하겠어."라 한다면 야무지지 못하고 말이나 하는 짓이 답답할 때 놀림조로 이르는 말이다. 민요에도 여러 종류의 맹꽁이 타령이 있으니 꽤나 우리 조상들의 관심 안에 있던 동물이라 하겠다.

몸은 5센티미터 정도이며 체색은 광택이 없는 흐린 갈색 또는 회색이면서 누런 바탕에 푸른색 또는 검은색의 얼룩덜룩한 반점이 있다. 몸집이 뚱뚱하고 전체적으로 둥그스름하며, 머리는 짧으면서 동그랗다. 주둥이는 짧고 작으며, 맨 끝이 약간 둔하면서 뾰족하고, 약간 앞쪽으로 돌출돼 있다. 뒷다리의 발가락 사이에는 물갈퀴가 없다. 암수는 크기에는 차이가 없지만 수컷은 아래턱 앞쪽 끝에 울음주머니가 있어 '맹꽁맹꽁' 하고 노래 부르며, 개구리와 달리 번식 시기에 엄지발가락에 혼인 육지婚姻肉指, 생식 혹가 생기지 않는다. 야행성이라 낮에는 늘 땅속에 구멍을 파고 들어앉아 있다가 밤에 기어 나와 날파리나 벌레들을 잡아먹는다. 본종은 한국에 1아과 1속 1종밖에 살지 않는 아주 귀하신 몸이며, 특히 한국, 북한, 중국 등 동북아시아 지역에만 분포한다. 주로 인가 근처의 논, 웅덩이에 살면서 날이 흐리거나 비가 올 때 덩달아 요란하게 울어대며, 포식자가 나타나거나 사람이 만지면 고슴도치가 그렇듯 몸을 바짝 공처럼 부풀린다.

맹꽁이 수컷 역시 다른 개구리와 마찬가지로 울음소리로 암컷을 유인하며, 장마철이 되면 땅 위로 나와 짝짓기를 한 후 알을 낳는다. 교미기가 따로 없고 체외 수정한다. 알은 1밀리미터 정도의 공 모양으로 4개 정도가 서로 붙어 한 덩어리를 이룬다. 1마리가 한 번에 15~20개의 알을 낳으며 눈코 뜰 새 없이 28~30시간 만에 서둘러 부화하고 30일 즈음이면 벌써 변태가 끝난다. 그도 그럴 것이 맹꽁이는 장마철에 만들어진 웅덩이나 고인 물에 산란하므로 다른 개구리 무리에 비해 변태 속도가 무척 빠르다. 한국에서는 이미 멸종위기야생동식물 2종으로 지정

될 정도이다. 도시화로 서식지를 잃어가는 데다가 농약이나 제초제 때문에 먹잇감이 줄어들고 공해 물질까지 늘어나니 씨가 마를 지경이 되었다. 늘 기탄없이 하는 말이지만 참 안타깝고 아쉽고 애달픈 일이다. 한마디로 지구가 몸살을 앓아 많이 아프다! 초미지급焦眉之急, 눈썹에 불이 붙었으니 얼마나 급한 일인가. 마땅히 좀 수그러드는 추세이지만, 우리나라의 환경 상태가 그렇다는 말이다. 늦다고 생각할 때가 빠른 때라 하지?

◘ 개구리 중의 개구리, 참개구리 *Rana nigromaculata*

참개구리는 무미목無尾目 개구릿과Ranidae의 양서류로 전국의 논밭 주변에 서식하며 청개구리와 더불어 가장 흔하게 볼 수 있다. 다른 놈들이 다 죽어 나자빠지게 됐는데도 이놈만은 유독 농약, 제초제에도 끄떡 않고 어물쩍 넘어가는 지독한 놈이다! 이들을 '논개구리'라고도 하며, 진짜로 떳떳하게 개구리를 대표한다 하여 서양 사람들도 'true frog'라 부른다. 한국에 나는 개구릿과 개구리속Rana에는 참개구리, 금개구리*R. plancyi*, 북방산개구리*R. dybowskii*, 계곡산개구리*R. huanrensis*, 아무르산개구리*R. amurensis*, 옴개구리*R. rugosa*, 황소개구리*R. catesbeiana* 들이 있다. '개구리'라는 의미의 'Rana'는 일반적으로 '예쁘다', '눈을 끄는'이라는 뜻이 들어 있다고 한다.

개구리 중의 개구리로 걸출하게 잘생긴 참개구리는 몸길이 6~9센티미터이며 암컷이 수컷보다 조금 크다. 체색은 녹색, 갈색, 연한 회색을 띤 갈색이나 황색으로 서식 환경에 따라 달라진다. 등짝에는 보통 3줄의 등선이 있고, 온몸에 검은 점들이 분포한다. 개구리의 암수 구별은 두 가지로 가능하다. 하나는 울음주머니 즉, 소리주머니聲囊의 유무요, 다른 하나는 양 앞다리의 엄지발가락에 있으니 초파리의 수컷이 암컷에게는 없는 작은 빗 모양의 혹인 성즐性櫛을 앞다리에 가지고 있는 것과 같다. 다시 말하면 수컷은 턱의 아래에 좌우 1쌍의 울음주머니가 있어서 소리를 내질러 암컷을 꼬드기며, 짝짓기 철에는 엄지발가락에 뚜렷한 혼인 육지가 생긴다는 것.

논밭 가에 주로 사는 참개구리를 잡으러 맨손에 맨발로 나선다. 논두렁에서 풀을 발로 쓱쓱 비질하면서 이모저모 살피며 쳐들어간다. 녀석들은 끝까지 뜸들이고 있다가 안되겠다 싶으면 무논으로 철벙 뛰어들어 사람을 맥 빠지게 한다. 게다가 그때마다 내 발등은 개구리 오줌 세례를 받고 만다. 적이 가까이 오면 방광에 모아 두었던 오줌을 찍! 갈기고 도망가는 참개구리다. 오줌에 독이 있으니 천적에게 한 방 먹이는 것이 개구리 오줌 싸기다.

주로 논두렁이나 밭두렁의 들쥐 굴에서 월동하며, 4~5월경 못자리나 논, 연못 등지에 직경이 20센티미터에 달하는 둥그런 알 덩어리를 물속에 잠겨 있는 상태로 산란한다. 알의 크기는 1.6~1.8밀리미터이며, 1000개 이상의 알이 한천질 속에 들어 있다. 옛날 우리 어릴 적엔 못자리의 볏모를 상하게 한다 하여 흐물흐물한 알 덩어리에다 재를 한가득 뿌렸던 기억이 난다.

올챙이는 아가미와 꼬리가 있으며, 주로 식물성인 조류를 먹으나 성체는 꼬리가 사라지고 육식성으로 바뀌면서 거미, 지네 등 움직이는 벌레를 먹는다. 번식 시기에는 아무것도 먹지 않는데 어린 개구리는 2년 안에 완전히 성숙하며, 수명은 약 13년이다. 살이나 뼈를 식용 또는 약용하고, 닭의 사료나 실험동물로 도맡아 쓰기도 한다. 한국, 일본, 중국 등 동아시아 지역에 분포한다.

◘ 금색의 융기선이 있는 금개구리 *Rana plancyi*

무미목 개구릿과의 금金개구리는 한국에만 사는 고유종으로 옛날에는 전국에 두루 수두룩했으나 요새는 경기도와 충청남도 일부에만 살아서 이미 멸종위기야생동식물 2급에 들었다고 한다. 몸길이는 4~6센티미터로 등은 밝은 연녹색이고 2개의 굵고 뚜렷한 금색 융기선이 나 있다. 전체적으로 몸의 크기나 모양이 참개구리를 줄줄이 쏙 빼닮아 헷갈리기 쉽지만, 참개구리는 등줄이 3개이고 금개구리는 2개라 쉽게 구별된다. 녀석들은 암수 모두 울음주머니가 없다 하며, 참개구리보다 늦은 5월 중순경에 겨울잠에서 깨어난다. 평야의 농지 주변 웅덩이나 물이 늘 고여 있는 논에서만 서식하는 특징이 있다. 우리나라에만 사는, 이 또한 사면초가四面楚歌에 몰린 한국 특산종임을 곱씹어 볼 필요가 있다.

◘ 옴개구리 *Rana rugosa*

옴개구리는 무미목 개구릿과의 양서류로 몸길이는 5~7센티미터이며, 흑갈색 또는 회색 바탕의 등짝에 제법 큰 돌기들이 도드라지게 규칙적으로 산재하여 주름진 것처럼 보이는데 이 때문에 '옴'이라는 말이 이름에 붙었다. 배는 흰 바탕에 점무늬가 있고 등의 융기선이 뚜렷하다. 두꺼비처럼 돌기가 있고 독이 듬뿍 있어 식용하기는 글렀다. 대부분의 시간을 물속에서 보내고 겨울에는 물속 돌 밑에서 겨울잠을 잔다. 수컷은 울음주머니를 가지며 아울러 혼인 육지도 나타난다. 1년 내내 맑은 강 주변, 연못, 늪지에 살고, 물의 흐름이 거의 없는 웅덩이의 수초 줄기나 뿌리에 작은 알 덩어리를 달라 붙인다.

◘ 산자락에 사는 북방산개구리 *Rana dybowskii*

북방산개구리는 무미목 개구릿과의 양서류로 계곡산개구리, 아무르산개구리와 아주 비슷하여 셋을 통틀어 '산개구리'라 부른다. 이 개구리들은 모두 몸 색깔이 갈색이라 'brown frog'라 통칭하고, 전국 내륙 산자락의 작은 냇물에 서식한다. 북방산개구리와 계곡산개구리는 몸길이까지 15센티미터로 닮아 구별하기 어렵지만 북방산개구리의 수컷은 울음주머니를 가지나 계곡산개구리의 수컷은 그것이 없고, 번식 시기에 북방산개구리는 목 밑에 붉은 반문이 생긴다는 점이 다르다. 또 북방산개구리는 봄 산란 시에 계곡 아래로 내려가 농지 주변이나 하천 둘레의 웅덩이에 알을 낳지만 계곡산개구리는 아래 농지에서 월동하고 계곡의 바위나 가장자리의 돌에다 알 덩어리를 낳는다. 아무르산개구리는 산개구리 중에서 몸길이 10센티미터로 가장 소형이며, 고막 뒤에서 주둥이 끝까지 흑색 얼룩무늬가 있어서 그것이 없는 앞의 두 산개구리와 확연히 구분된다.

이른 봄 물불 가리지 않고 북방산개구리를 잡으려 드는 밀렵꾼들이 사방에서 설치니, 그들도 산개구리의 생태를 기막히게 꿰뚫고 있다. 급기야 계곡의 좁은 물길에다 통발이나 가마니 아가리를 벌려 놓아두어 알을 낳으러 아래로 내려가던 산개구리들을 통째로 잡으니 TV에서 개구리가 한 부대씩 들어 있는 모습을 보여 주지 않던가. 이른 봄철의 개구리들은 겨울나기 하느라 먹은 먹이를 벌써 다 소화시켜 내장이 홀라당 비었으며, 암컷의 배에는 알이 한가득 들었으니 '꿩 먹고 알 먹기'다. 옛날에 굶어 배고팠던 시절, 특히 춘궁기에 그런 짓을 한 것은 동정이라도 받지만 요새는 몬도가네Mondo Cane, 이탈리아 어로 '개 같은 세상'이라는 뜻. 흔히 기이한 행위나 특히 혐오성 식품을 먹는 비정상적 식생활을 가리킴라 놀림 받게 생겼다. 고백하지만 필자도 산개구리를 얻어먹은 적이 있다. 이제 산개구리를 잡으면 야생동물보호법에 따라 100만 원 이하의 벌금이다! 모름지기 살생 말고, 개구리 잡기를 삼갈지어다!

◘ 황소 울음 내는 황소개구리 *Rana catesbeiana*

황소개구리American bullfrog의 속명 'Rana'는 라틴 어로 '개구리'라는 뜻이며, 영어 이름 'bullfrog'의 'bull'은 '황소'나 '코끼리의 수컷'을 말하는 것으로 '크다'는 의미가 들어 있고, 황소와 비슷한 굵은 소리로 울기에 그런 이름을 얻었다. 무미목 개구릿과의 황소개구리를 약이나 먹이로 쓰기 위해 미국에서 먼저 도입했던 일본을 통해 우리는 늦게 들여왔다. 털없이 뚝심 센 황소개구리의 뒷다리는 닭다리를 닮았으며 뒷다리나 등짝을 튀겨 먹는다. 그런데 외국 문헌에서는 "황소개구리가 한국에서는 생태적 교란을 일으켰으며, 작은 뱀도 잡아먹는 일이 벌어졌다."
고 소개하고 있다.

몸길이 14~20센티미터, 몸무게는 500그램이나 되고, 등짝은 담녹색으로 어두운 반점이나 얼룩이 나 있으며 배는 크림색에서 황색이다. 뒷다리에 큰 물갈퀴가 있고 수컷은 귀의 고막이 눈보다 크지만 암컷은 고막이 눈보다 작다. 늪, 연못, 호수 등지의 물가나 물속에 살면서 밤에 큰 소리를 내지르며, 물속에서 밖으로 도망칠 때는 괴상하고 날선 소리를 낸다. 물 밑 진흙 속이나 연못의 바닥에서 월동하는데 아린 추위에 약한 편이라 우리나라에서는 중부 이남에만 자연 상태에서 연명한다.

수명은 보통 8~10년이며, 올챙이는 조류나 수생 식물, 아주 작은 수서 곤충을 먹지만 성체는 먹새가 좋아 입에 들어가는 것은 닥치는 대로 다 먹으니, 주로 가재나 물방개, 물달팽이, 학배기잠자리 유충 등을 잡아먹고, 도마뱀, 물새, 박쥐, 다른 개구리를 비롯해 천적인 뱀 새끼도 잡아먹는 탐식가다! 저런, 큰 쥐가 고양이 새끼를 먹는 식이로군!?

수컷은 1~2년이면 성적으로 성숙하지만 암컷은 2~3년이 걸리고, 알을 1년에 2번 낳는다. 밤이 오면 수컷이 좋은 자리를 잡고 암컷을 부르며, 암컷은 우성優性의 수컷을 찾아 여기저기를 넘나든다. 수컷은 암컷의 등에 올라 포접抱接 행위를 하면서 암컷의 산란을 부추긴다. 직경이 60센티미터나 되는 한천질 알 덩어리를 낳는데, 거기에 들어 있는 알은 2만여 개로 어미 체중의 27퍼센트에 해당할 정도이다. 올챙이가 변태하여 새끼 개구리가 될 즈음이면 몸 크기는 이미 약 5센티미터에 달한다. 황소개구리도 물속에 들면 콧구멍을 막아야 하니 폐 호흡을 하지 못하게 되는 대신 피부 호흡을 한다. 그래서 몇 달이라도 물에서 살 수 있으며, 겨울에 마른 진흙을 뒤집어쓰고 동면을 하는 것도 덕분에 가능하다. 미국의 학교에서는 생물 해부 실험에 주로 쓴다고 한다. 황소개구리의 천적은 주로 백로나 왜가리, 뱀 들이다.

3) 벌벌 긴다는 뜻을 가진 파충류(爬蟲類, Reptile)

파충류의 한자어 '爬' 자는 '기어 다닌다'는 뜻을 가지며, 영어 'reptile'도 '배나 짧은 다리로 벌벌 긴다'는 의미이다. 이들 파충류에서 조류와 우리 포유류가 생겨났다고 하지! 파충류에는 악어, 뱀과 도마뱀, 거북이나 자라 등이 속한다.

파충류는 대부분 폐로 호흡을 하며, 체온을 유지하기 위해 주로 태양 광선과 같은 외부의 열원熱源을 이용하는 변온 동물이다. 심장은 1심방 2심실이며, 물에 사는 거북이 무리는 피부 호흡을 조금 한다. 딱딱한 껍질과 양막羊膜으로 싸인 알을 낳는데 뱀 무리 일부는 난태생을 한다. 피부는 건조한 각질의 비늘로 덮여 있어서 사막 같은 곳에서도 수분을 잃지 않고 살 수 있는 생존력이 강한 사지동물이다. 배설은 2개의 작은 콩팥에 의존하며, 질소 대사산물은 요산尿酸이다. 대부분의 파충류는 육식성인데다, 변온 동물이기 때문에 동일한 몸집을 가진 경우 대사 기능이 포유동물의 5분의 1~10분의 1이라서 한 번 먹으면 오래 견딜 수 있다. 결국 그들은 기본적으로 일정하게 체온 유지를 할 필요가 없으므로 조류나 포유류가 먹는 양보다 아주 적은 양만 먹어도 살아간다. 따라서 먹이의 양이 아주 적거나 먹이를 쉽게 얻을 수 없는 환경에서도 옹골차게 살아갈 법하다.

포유류와 조류에 비하면 신경이 둔한 편이고 대부분 주행성이며, 뱀 무리는 열을 감지하는 능력이 뛰어나 먹이가 내뿜는 열을 느낌으로써 먹이를 잡는다. 파충류는 체내 수정하며, 거북이나 악어 무리가 하나의 음경을 갖는 반면 뱀과 도마뱀 무리는 1쌍의 반음경半陰莖을 갖는다. 한때 지구의 주인은 파충류였으니, 페름기Permian紀, 고생대의 마지막 시대로 약 2억 9000만 년 전부터 2억 4500만 년 전까지의 시기 초기부터 백악기白堊紀, 중생대를 3기로 나누었을 때 마지막 지질 시대로 약 1억 4500만 년 전부터 6500만 년 전까지의 시대 말기까지의 지질 시대를 파충류 시대爬蟲類時代라 하는데, 공룡dinosaurs으로 대표되는 중생대를 지칭하기도 한다. 당시에는 다양한 파충류가 있었는데 오늘날 대부분 절멸絶滅하였다. 현존하면서 강에 사는 파충류는 척추동물 중에서도 그 종류가 얼마 되지 않는다.

◘ 물뱀, 무자치 *Elaphe rufodorsata*

무자치는 뱀과Colubridae 뱀속Elaphe의 파충류이며 몸길이 60~90센티미터로 긴 원통 모양이다. 논이나 초원, 강, 호수, 연못 등의 물가에 살기 때문에 '물뱀water snake'이라 부르며, 주로 참개구리, 산개구리, 옴개구리, 거머리, 가재 등을 잡아먹는다. 우리나라에 서식하는 11종의 뱀 중에서 유일하게 민물에 사는데, 외국에서는 바다에 사는 바다뱀도 있다 한다. 세상에 뱀이 물에 살다니!?

독이 없는 뱀이지만 그래도 물리면 침에 들어 있는 혈액 응고 방지 물질 때문에 오랫동안 피를 흘리게 된다. 연한 갈색의 머리는 목 부분보다 훨씬 크고, 머리에는 팔八 자 모양의 검은 무늬가 2줄로 뚜렷하게 나 있으며, 뒤로 검정색 줄무늬가 지난다. 배는 등황색 또는 붉은 갈색 바탕에 네모꼴의 검은 무늬가 바둑판 모양처럼 뚜렷하고 꼬리에 2개의 검은 줄이 나 있다.

살모사처럼 난태생하고, 8월 말에 12~16마리의 새끼를 낳으며, 낳은 새끼를 어미가 돌보지 않는다. 봄 못자리를 만들기 시작할 무렵이면 동면에서 깨어나 활동을 시작하며, 여름에 날씨가 더울 때는 물속 바위 밑에 들어가 몸통은 물속에 담그고

폐 호흡을 하면서 머리만 물 밖으로 내민다. 우리나라 뱀 중에서 그 수가 가장 적을뿐만 아니라 엎친 데 덮친 격으로 환경 파괴 때문에 개체 수가 썩 줄어들고 말았다. 한국, 중국 및 러시아 등지에 분포한다.

◘ 솥뚜껑 보고 놀라는 자라 *Pelodiscus sinensis*

자라는 거북목Testudines 자랏과Trionychidae에 속하는 담수산淡水產 파충류이다. 속명 'Pelodiscus'는 '껍데기가 둥글다'는 뜻이고, 종명 'sinensis'는 '중국'을 뜻한다. 딱지가 부드러운 껍질로 덮여 있어 영어로는 'chinese soft-shelled turtle'이라 부른다. 등짝이 둥글고 넓적하며, 딱딱하지는 않지만 등짝 아래에는 깔끔하고 딱딱한 뼈가 몸을 덮고 있다. "자라 보고 놀란 가슴 솥뚜껑 보고도 놀란다."는 속담처럼 자라는 솥뚜껑을 참 많이 닮았다. 등딱지의 지름은 20~40센티미터인데, 큰 것은 50~80센티미터에 달한다. 딱딱한 등갑과 배갑은 아문 인대로 이어져 있으며 머리와 목을 등딱지 안으로 완전히 쏘옥 끌어 집어넣을 수 있으니 "자라목 움츠리듯 한다."는 말이 여기에서 나왔다. 뿐만 아니라 목과 코는 유난히 긴 관 모양이라 물속에서도 목을 물 위로 쭉 뽑아 올리고 허파로 호흡한다. 주둥이 끝이 가늘게 돌출하였고, 네 다리는 짧으며, 발가락은 셋이고, 발가락 사이에 물갈퀴가 있다. 즉, 자랏과의 'Trionychidae'의 'tri'는 '셋', 'onychid'는 '손발가락'을 뜻한다. 몰래 가만히 숨어 기다리다가 먹이가 가까이 오면 왈칵 달려들어 잡아먹는다.

암컷이 수컷보다 훨씬 덩치가 크고, 턱 가장자리는 날카롭고 깨무는 힘이 세며, 강이나 연못 바닥의 진흙 속에 숨는다. 산란할 때 외에는 거의 물가로 나오지 않고 물속에서 갑각류, 연체동물, 양서류나 다른 수서 동물을 잡아먹고 산다. 밑바닥이 개흙으로 되어 있는 강이나 연못에 살며 5~7월에 물가 마른 모래땅에 구멍을 파고 17~28개의 알을 빽빽하게 낳는다. 자라는 예로부터 강장제나 보혈제補血劑로도 많이 썼으며, 근래 그 값이 천정부지로 올랐다 한다. 중국만 해도 한 해 9백만 마리 이상을 양식하여 떼돈을 번다고 한다. 한국, 중국, 일본, 타이완, 베트남 등지에 분포한다.

'병든 육체는 영혼의 감옥이요, 건강한 몸은 영혼의 거실'이라 하였으니, 신외무물身外無物이라고 우리도 몸 하나 귀히 여겨 자라를 늘상 다려 먹었다. 거참, 깔볼 자라가 아닐세그려. 총명하고 사리에 밝아 일을 잘 처리하여 자기 몸을 보존함을 명철보신明哲保身이라 하는데 좋은 음식을 먹어 건강을 지키는 것도 보신補身임에 두말할 여지가 없다. 얼마 전까지만 해도 국제적으로 자라를 사고팔았으나 이제는 엄격하게 금지되었다. 어쨌거나 다행스럽게도 이제는 '살기 위해 먹는 세상'에서 '먹기 위해 사는 세상'으로 바뀌어 식도락食道樂을 즐기고 누린다. "좋은 음식을 먹어 본 사람이 좋은 맛을 낼 줄 안다."고 하지 않던가.

◘ 자라보다 작은 남생이 *Geoclemys reevesii*

남생이는 거북목 남생잇과Geoemydidae의 파충류로 물과 땅에 걸쳐 생활하는 민물거북이다. 다 자란 성체의 등껍질은 자라보다 좀 작은 20~25센티미터 정도이다. 남획, 환경 오염, 붉은귀거북의 증가 탓으로 개체 수가 줄어 우리나라에서는 천연기념물 제453호로 지정하여 보호하고 있다. 단단한 등딱지는 진한 갈색이며 육각형 모양의 여러 딱지에는 누런 녹색 테두리가 쳐 있다. 배딱지와 등딱지는 거의 같고 4개의 다리는 넓은 비늘로 덮여 있으며, 꼬리가 길어서 등짝의 거의 반이나 된다.

겨울에 진흙 속에서 월동하고, 6~7월에 교미하며, 8월에 물가 모래나 흙 속에 구멍을 파서 4~6개의 알을 낳는다. 그런데 특이하게도 알 구멍에 자신의 배설물을 뿌려 단단하게 굳히는 습성이 있다 한다. 성질이 온순하고 길들이기 쉬우며, 사육할 때는 빵이나 지렁이를 준다. 한방에서는 자라와 함께 자양, 강장, 보신 등에 효능이 있다 하여 약으로 쓴다.

어릴 적 한여름 물가에서 더위를 피해 물놀이와 고기잡이를 하면서 소 먹이는 오후 시간이면 녀석들은 유유자적悠悠自適, 가끔씩 물가 돌바닥에 올라와 몸을 말리고 데우며 사방을 지켜보며 놀다가 수상한 인기척이 나면 허둥지둥 날름 물속으로 내뺀다! 「말하는 남생이」라는 전래 동화에 나올 정도로 남생이는 우리와 친숙했던 동물이다.

◘ 빰에 붉은색 점이 있어 붉은귀거북 *Trachemys scripta elegans*

'청거북'이라고도 하는 이 파충류는 거북목 늪거북과 Emydidae에 속하며 자라, 남생이와 함께 민물에 사는 종이다. 미국 남부가 원산이며 애완용으로 전 세계에 퍼졌다. 우리는 애완용 말고도 방생放生에 쓰기 위해 섣불리 들여와 강에 풀어준 것이 생태계를 어지럽히고 있는데, 좀체 이러지도 저러지도 못하고 엉거주춤했으나 이제는 수입을 금지하였다고 하니 잘한 일이다. 아무튼 많은 어린이들을 즐겁게 했던 생물이니 분노하고 증오하기보다는 너그럽게 연민의 정을 가질 일이다.

붉은귀거북은 등딱지가 타원형이면서 등색은 진한 녹색으로 노란색의 줄무늬가 있고, 배는 검으며 불규칙한 점이 있고 누르스름하다. 눈 뒤, 귀 주변 빰에 붉은색 점무늬가 있어서 '붉은귀거북red-eared slider turtle'이라는 이름이 붙었다. 여기서 'slider'라는 말은 물가 돌이나 바위에 햇볕을 쬐러 나와 있다가 홀연히 물속으로 미끄러지듯 들어가는 성질을 뜻한다. 뒷발가락에는 물갈퀴가 있고, 다 자란 수컷은 발달한 앞발톱을 전희 행위나 짝짓기에 쓴다. 수컷의 꼬리는 암컷에 비해 굵고 길다.

물의 흐름이 없는 호수나 물 흐름이 느린 큰 강에 주로 살며 우리나라에서는 중부 지방까지 자연에서 살고 있다. 주위에 물풀이 많은 곳을 좋아하는 잡식성으로 동식물 모두를 먹는데 물고기, 가재, 올챙이, 귀뚜라미, 수생 곤충뿐만 아니라 수생 식물도 먹잇감이다. 물과 뭍을 들락거리는 반수생 거북이고, 침을 분비하지 않을뿐더러 혀를 움직이지 못하기에 반드시 물 안에서 먹이를 씹어 먹는다.

변온 동물인 파충류 중에서는 어설프게도 가짜 동면을 한다. 다시 말하면 물속 진흙 바닥에서 겨울나기를 하면서 섭씨 10도 정도로 수온이 내려가면 심장 박동이 느려지면서 정상적인 호흡이 중지되다가 수온이 올라가면 먹이를 찾는다. 붉은귀거북이나 곰, 다람쥐처럼 추우면 활동을 꺼려 웅크리고 있다가 날씨가 따뜻해지면 굴 밖으로 나와 어슬렁거리는 가짜 동면을 하는 것을 '의사 동면擬似冬眠'이라고 하며, 진짜 동면은 겨우내 몸이 꽁꽁 얼어 있는 상태를 일컫는다.

4) 깃털과 날개를 가진 조류(鳥類, Bird, Aves)

보통 생물들은 죄다 물과 뭍에 살도록 적응하였는데, 곤충 무리와 새들은 하늘을 생활의 터전으로 삼기 위해 날개로 비상한다. 다만 새의 날개는 앞다리가 변한 것이고, 곤충의 날개는 피부가 변해 생긴 것이라는 점이 다르다. 조류는 다른 동물과 달리 식도가 변한 모이주머니에 먹이를 일단 저장한다. 모이주머니 바로 뒤에 소화 효소가 나오는 앞위가 있으며, 그 아래에는 모이를 으깨는 '닭똥집'이라 부르는 모래주머니가 있다. 이들이 하늘을 날기 위해 몸무게를 줄이는 일은 절체절명絕體絕命이다. 날짐승은 하나같이 창자가 매우 짧아 대변을 서둘러 배설하고, 방광이 없어 소변을 저장하지 않으므로 대소변을 같이 본다. 또 뼈 안은 텅텅 비었으며, 허파에 이어지는 기낭氣囊들이 몸 안에 여기저기 발달한다. 기온이 낮은 고공을 날면서도 대장간의 풀무처럼 들숨과 날숨이 허파에 공기를 쉼 없이 공급하며, 체온은 섭씨 36~37도의 포유류보다 높은 섭씨 40~44도를 유지한다. 유선형流線型인 몸매는 공기 저항을 줄이는 데 한몫 거들고, 커다란 눈을 가지고 있어 뛰어난 시력으로 먹잇감을 찾는 것도 조류의 특징이라 하겠다. 입은 딱딱한 야문 부리로 바뀌어 손을 대신하고, 온몸이 깃털로 덮여 포유동물과 함께 온혈 동물이며, 깃털과 부리 모두 케라틴keratin 단백질이 주성분이다. 깃털은 보온 역할도 하지만 여러 가지 색깔을 하고 있어 보호색으로도 중요하다. 조류의 꼬리는 멋으로 난 것이 아니고, 배船의 키 구실을 하여서 나는 속도와 방향, 뜨고 내림의 조절, 몸의 평형 유지 등을 한다. 모두 난생으로 산란한 후 포란하고, 부화한 새끼를 먹여 키운다. 땀샘이 없고, 깃털은 피부가 변한 것이다. 꼬리털이 나는 부위 끝자리에 볼록 튀어나온 기름샘에서 나오는 기름을 머리에 묻히고 깃털에 문질러서 좀체 몸에 물이 새들지 않게끔 방수한다. 발가락은 일반적으로 앞에 세 가락, 뒤에 한 가락으로 모두 4개의 발가락을 가지며 나뭇가지를 움켜쥐고 붙잡는 데 쓴다. 물새들은 발가락 사이에 물갈퀴가 있어 물을 젓는 데 적합하다.

그런데 왜 생뚱맞게 고등학교 시절에 많이 외웠던 "If I were a bird, I would fly to you!"라는 말이 갑자기 떠오르는 것일까? 그렇다, 그 꿈을 비행기를 통해 이뤘구나. "마냥 밟고만 있으면 달리는 자동차, 그냥 대고 찍으면 찍히는 사진기……." 따위가 내가 어릴 때 꾸던 꿈이었는데, 늦고 빠름이 다를 뿐 비로소 모두가 그렇게 되었다. 참 위대한 호모 사피엔스다!

물에서 먹이를 찾는 조류가 많으나 그중 대표 몇 종만을 이야기한다.

◘ 금슬 좋기로 이름난 원앙 *Aix galericulata*

조류강Aves 기러기목Anseriformes 오릿과Anatidae의 새이며 '원앙이', '원앙새'라 부르기도 한다. 영어 이름인 'mandarin duck'의 'mandarin'은 '중국의 고급 관리'를 가리키는 말이지만 보통은 중국을 칭하고, 'duck'은 '오리'다. 일반적으로 오리 무리는 다른 새들에 비해 일부일처를 지킨다고 하는데, 멋쟁이 원앙 부부 역시 한번 짝이 정해지면 평생을 다정하게 같이 지낸다. 그래서 결혼식에 원앙이 등장하고 금슬琴瑟이 좋은 부부를 원앙에 비유하며, 중국이나 우리나라에서 다 '부부애와 신의'를 상징하는 새로 통한다. 원앙 암수는 하늘이 정해 준 인연을 귀하게 여겨 절대로 퇴짜 놓거나 겉돌지 않으며 서로 다투는 일 없이 평생 함께 행복을 누리며 산다! 흔히 '잉꼬부부'라 하여 역시 사이가 좋은 부부를 말하는데, '잉꼬いんこ, 鸚哥'란 앵무새의 일종으로 일본말이며 우리말로는 '사랑새'라고 부른다. 마땅히 국어 사랑은 나라 사랑인 것을!

원앙의 몸길이는 41~49센티미터이고, 날개를 짝 펼치면 65~75센티미터가 되며, 다른 오리 무리와 마찬가지로 수컷의 몸 빛깔이 암컷보다 훨씬 찬란하고 아름답다. 그 현란한 색깔에 눈이 부실 지경이며, '새 중의 새'라 해도 손색이 없을 듯! 다윈은 이런 것을 '성의 선택sexual selection'이라고 말했으니, 멋지게 잘생기고 건강한 유전자를 가진 수컷이라야 암컷을 여럿 차지하고, 따라서 유전자를 더 많이 퍼뜨린다는 말. 귀담아 들을 대목이다.

여름에 원앙 수컷의 부리는 붉은색이고, 암컷은 회갈색이다. 수컷의 늘어진 댕기, 검은 눈에 흰색 눈 둘레, 턱에서 목 옆면에 이르는 오렌지색 수염깃, 위로 올라간 선명한 오렌지색의 부채꼴 날개깃털 들은 정녕 멋있다. 녀석이 커다란 은행잎을 떡하니 양쪽 날개에 차고 있구나! 물고기에서 사람까지, 척추동물의 수컷들이 암컷보다 덩치가 크고 번듯하게 잘생긴 것은 이차성징이라 하지만, 무슨 일이 있어도 건강한 유전자를 가진 암컷을 꼬드기자고 그러는 것이니 암컷들도 건강한 수컷을 짝으로 정하는 데 갖은 신경을 쓸 따름이다. 다시 말하지만 그것도 성의 선택인 것. 사람도 다르지 않으니 건장하고 잘생기고 볼 일이다.

한국에서는 전국의 산간 계류에서 서식하는 텃새이나, 겨울을 나려고 일부 중국에서 오는 것들도 있다. 여름에는 4~5마리 또는 7~8마리가 활엽수 우거진 계류나 물이 괸 곳, 또는 숲속 연못 등지에서 생활한다. 이른 새벽녘과 해질녘에 먹이를 찾는데, 도토리를 가장 좋아하지만 나무 열매, 풀뿌리, 종자 등 식물성 먹이와 다슬기, 작은 민물고기, 육상 곤충 같은 동물성 먹이도 먹는다. 4월 하순부터 7월에 걸쳐 천적에 들키지 않게 강가의 나무 구멍, 쓰러진 나무 밑, 우거진 풀 속에서 새끼를 친다. 한배에 9~12개의 알을 낳아 28~30일 동안 암컷이 품으며, 새끼가 나오면 부모가 함께 기른다. 사라질 위기에 있기에 부랴부랴 천연기념물 제327호로 지정하여 잘 보살피고 돌보는 형편이다.

멸종을 눈앞에 둔 동물 중 침팬지도 있는데 이놈들의 종족 보존에는 여러 문제가 도사리고 있다 한다. 자연 상태에서는 암컷 한 마리가 여러 마리의 수컷과 교접하여 서로 다른 유전 형질을 가진 새끼를 낳으므로 사뭇 종족의 적응가適應價를 높이는데, 동물원에서는 근친 교배를 하는 탓에 정해진 수컷의 정자만 받는지라 같은 형질의 새끼들만 태어나므로 걷잡을 수 없는 돌림병이 얼핏 돌거나 예기치 못한 환경 변화가 일어나는 날에는 자칫 고스란히 떼죽음을 당하는 망조가 들 수 있다. 만약 암컷이 이것저것 여러 수컷들의 정자를 받았다면 새끼들 중에는 병이나 좋지 않은 환경에 잘 적응하는 강한 놈이 있어 일부나마 살아남을 수 있을 터인데 말이지.

원앙새도 그런 자연 섭리에서 도리 없이 얽매이긴 마찬가지라, 다부진 암컷 원앙이 여러 수컷의 씨를 받음으로 다양한 형질의 새끼들이 태어나야 불리한 환경에서도 살아남을 확률이 높아진다. 그러니 어찌 지혜롭고 현명한 원앙 암컷이 수컷 한 마리만 바라보고 살겠는가. 물실호기勿失好機, 좋은 기회가 오면 당당하게 놓치지 않는다! 금슬 좋기로 이름난 원앙 새끼들의 유전 인자를 검사해 보았더니 놀랍게도 근 40퍼센트는 지아비의 유전자와 딴판이었다는 것. 허허, 저런! 암컷 원앙이 서방질했다는 증거다. 절대로 우스갯소리가 아니다. 어쩌다가 상식에 벗어나고 가문에 먹칠할 이런 일이 벌어진단 말인가. 그러나 역겹다고 여길 일이 아니다. 그 까닭은 앞의 침팬지 이야기에서 하였으니……. 심지어 사람인들 본성적인 그 무엇이 없다 할 수 있겠는가?

이해를 돕기 위해 식물과 가축에서도 단일 재배單一栽培가 얼마나 위험한가를 보자. 단일 재배란 한곳에 같은 종의 동식물만 여러 해에 걸쳐 기업적으로 모아 키우는 것을 말한다. 아일랜드 대기근감자 기근 때는 감자마름병이 굶주림을 가져와 수많은 사람이 굶어 죽었고, 미국으로 대거 이민을 가는 일이 벌어졌다. 단 1종의 감자를 심은 것이 탈이었다. 여러 종을 골고루 심었다면 마름병에 살아남는 것도 있었을 터인데. 근래 난리가 났던 우리나라의 구제역口蹄疫도 같은 이야기다. 여러 종을 돌려가며 섞어 심고 키우는 다종 재배多種栽培의 장점은 두말할 필요가 없을 것이다.

◘ 집오리의 원종原種, 청둥오리 *Anas platyrhynchos*

청둥오리wild duck는 원앙과 마찬가지로 기러기목 오릿과에 속하며, 학명 '*Anas platyrhynchos*'에서 'Anas'는 '기러기', 'platyrhynchos'는 '납작한 부리'라는 뜻이다. 오리의 주둥이를 떠올려 보면 이해가 될 것이다. 청둥오리는 세계적으로 닭 다음으로 사람들이 많이 먹는 조류란다. 우리나라 강이나 호수에 사는 오리 중에는 청둥오리 말고도 홍머리오리, 청머리오리, 알락오리, 가창오리, 쇠오리, 흰뺨검둥오리, 고방오리, 발구지, 넓적부리오리 등 9종이 더 있다고 한다.

청둥오리는 다른 새들처럼 수컷이 큰데, 수컷의 몸길이는 56~65센티미터, 날개를 편 길이는 81~98센티미터이고 몸무게는 0.9~1.2킬로그램이다. 수컷의 머리는 밝은 광택이 나는 녹색이고, 흰색의 가는 목테가 있다. 주둥이는 댓 발 삐져나와 누르스름한 것이 고개를 주억거리며 꽥, 꽥 소리를 내지르고, 게걸스럽게 아무거나 잘 먹는 잡식성이므로 풀씨와 나무 열매 같은 식물성 외에 곤충류와 무척추동물 등도 먹는다. 산란기는 4월 하순에서 7월 상순 사이이고, 한배에 알을 8~13개 낳는다. 알은 암컷이 품고, 새끼가 부화하기까지 27~28일이 걸리며, 50~60일간 어미가 건사한다.

우리나라에서 가장 흔한 겨울새로 만, 호수, 연못, 간척지,

농경지 등에서 겨울을 나는데, 낮에는 먹이를 찾다가 저녁이 되면 논이나 습지로 이동하여 아침까지 머무르며, 먼 길을 이동할 때는 V자 모양을 이루고 난다. 몸이 통통한 청둥오리는 새 중에서 알렌 법칙과 베르그만 법칙에 상당히 잘 들어맞는 예이다. 다시 설명하자면 알렌 법칙이란 포유류나 조류 같은 항온 동물은 몹시 추운 북극 지방에서는 열의 손실을 줄이기 위해 귀나 주둥이(부리), 다리 같은 말단 기관이 작아지고, 열대 지방이나 사막에서는 열 발산을 쉽게 하기 위해 그것들이 커진다는 법칙이다. 베르그만 법칙은 북극 항온 동물은 덩치가 커지고 열대의 것은 작아진다는 것이다. 다시 말하면 몸의 크기가 커지면 몸의 총 표면적은 늘어나지만, 몸의 부피에 대한 표면적은 줄어든다. 몸의 가로, 세로, 높이의 길이가 2배가 될 때 부피는 8배로 늘어나지만, 표면적은 4배로 증가한다. 따라서 추운 지방에 사는 항온 동물은 몸의 크기가 클수록 열 발산이 줄어들어 체온 유지에 유리하고, 더운 지방에 사는 항온 동물은 작을수록 상대적으로 부피에 비해 표면적이 늘어나므로 열 발산이 쉽다.

흔히 '오리duck'라고 하는 것은 '집오리'를 뜻하는 것으로 알과 살코기는 먹고 속 깃털인 '다운down'은 방한복에 쓴다. 버릴 것이 없도다. 집오리는 청둥오리를 원종原種으로 하여 순치馴致한 것인데, 최소한 25품종 이상이 개량되어 사육되고 있다고 하고, 그중 대형 품종인 베이징종은 수컷의 몸무게가 자그마치 4.08킬로그램, 암컷은 약 3.63킬로그램이나 된다고 한다. 이놈들을 튀겨 갖은 양념에 찍어 먹으니 그것이 북경오리요리인 'Peking duck'이다!

포유류의 특징을 털에서 찾는다면 새는 깃털이 상징적인 것으로 종에 따라 깃털 색깔이 다르니 무슨 재주로 저렇게 예쁘게 디자인을 했단 말인가. 깃털이 붉거나 노란 것은 깃털에 묻어 있는 리포크롬lipochrome이라는 색소 때문이고, 검은색이나 회갈색은 멜라닌melanin이 내는 것이며, 녹색은 황색과 푸른색의 혼합에서 나온다.

◘ 백조라 부르는 큰고니 *Cygnus cygnus*

큰고니whooper swan는 기러기목 오릿과의 새로 천연기념물 제201-2호로 지정되어 보호받고 있으며, 고니 무리 중 가장 크다. 흔히 '백조가 노니는 호수'의 백조白鳥가 바로 이 고니를 뜻하며, 우리나라에 오는 고니 무리는 '큰고니', '혹고니', '고니'가 있다. 혹고니는 윗부리와 눈 앞에 큰 혹이 있는 매우 희귀한 겨울 철새이며, 고니는 몸길이 120센티미터 정도로 셋 중에 가장 작다. 셋 중 가장 몸집이 큰 큰고니는 몸길이 140~160센티미터, 펼친 날개 길이 205~275센티미터, 체중은 8~20킬로그램이나 된다. 저 큰 덩치로 어떻게 하늘을 난담!? 그놈들의 날고 내려앉음이 비행기가 뜨고 내리는 것과 어쩌면 그렇게 닮았는지 모른다. 아니, 그 반대다. 과학은 자연의 모방품인 것!

잔잔한 호수에 순백의 큰고니들이 긴 목을 곧게 빼고는 똘망똘망한 눈망울로 온 사방 고갯짓하며 천천히 물 흐르듯 스르르 오락가락 헤엄치는 모습은 얼마나 자연스럽고 평화로운가! 큰고니가 저렇게 물에 떠 있으려면 눈에 안 보이는 물속 두 다리는 끊임없이 움직여야 한다는 것을 아는가? 그 우아한 백조의 발놀림을! 그러다가 눈에 먹이가 보이면 허겁지겁 머리를 180도 거꾸로 숙여 물속으로 물구나무서서 낚아챈다. 그뿐인가. 공기 저항을 줄이느라 긴 목 줄기를 수평으로 쭉 뻗고 두 다리를 바싹 오그리고 키곡식 따위를 까불러 쭉정이나 티끌을 골라내는 도구만 한 큰 날개로 후여후여 날아가는 모습은 자유롭고 넉넉하기 그지없다. 비행기가 나는 고도 8킬로미터 근방을 '끼루룩끼루룩' 낭랑한 소리를 지르며 힘차게 날아 이동한다. 큰고니의 영어 이름 'whooper'의 'whoop'은 기쁨이나 흥분 등으로 '와!' 하고 지르는 함성을 뜻한다.

유라시아의 추운 북쪽에서 번식하며 온대 지방인 한국에는 겨울새로 찾아와 저수지나 호수, 늪지대에서 겨울을 난다. 경포호수, 화진포호수, 한강의 미사리, 진도나 해남 등지가 대표적인 월동지이다. 큰고니는 덩치가 큰 만큼 더 많이 먹어야 하기에 다른 것들보다 삶터가 넓어야 하며, 날이면 날마다 대부분의 시간을 먹이 찾기에 다 보낸다 하겠다.

이들은 정해진 짝과 죽을 때까지 정겹게 지내며, 짝을 잃으면 몇 년간 짝짓기를 하지 않거나 평생 홀로 지내는 수도 있다고 한다. 기특하고 가상한 새로다! 타산지석他山之石으로 삼을지어다. 암수 모두 깃털이 순백색이고 어린 새는 회갈색이며, 윗부리는 밝은 노란색에 끝이 검고 아랫부리는 전체가 검다. 다리는 검은색으로 매우 짧으며 발바닥이 크다. 헤엄칠 때 목을 굽히는 혹고니와 달리 이것들은 목을 곧추세우고 헤엄친다.

보통 물가 축축한 땅에 알자리를 만들고 제 가슴털을 뽑아 깐 다음 산란한다. 암수가 겨우내 함께 지내며 작년에 낳은 새끼들과 가끔 만나 함께 지내기도 한다. 5월 하순에서 6월 상순에 걸쳐 한배에 4~7개의 알을 낳는데, 알은 하루걸러 낳아 암컷 혼자서 품으며, 수컷은 둥지 가까운 곳에서 여차하면 달려들 준비를 하고 망을 본다. 36일이면 부화하고 새끼는 120~150일 뒤에 날개짓을 하게 되지만, 이 중에서 한 해 보통 15퍼센트 정도는 죽음을 맞는다. 낮에 수생 식물의 줄기, 육지 식물의 열매, 수확한 후의 이삭 낟알을 먹고, 수생 곤충도 먹는다. 수명은 야생 상태에서 10년 정도이며, 예외 없이 세계적으로 심한 밀렵과 환경 파괴로 개체 수가 점점 줄어들고 있다 한다. 그러나 이 망가진 지구에서 파란만장波瀾萬丈을 겪으며 우여곡절迂餘曲折 끝에 구사일생九死一生으로 떳떳이 살아남은 것은 기적이라 하겠다. 큰고니여, 만세 만만세!

기러기아빠의 원조元祖, 큰기러기 *Anser fabalis*

큰기러기bean goose는 기러기목 오릿과의 새이며, 우리나라 기러기속Anser에는 큰기러기 말고도 큰기러기보다 몸집이 크고 목이 굵고 길며, 부리가 가늘고 긴 큰부리큰기러기, 큰기러기보다 작은 쇠기러기, 몸 전체가 흰색인 흰기러기, 머리와 목 뒤는 흑갈색이고 앞이마에 흰색 띠가 있는 개리 등이 더 있다. 학명 '*Anser fabalis*'에서, 'fabalis'의 'faba'는 'bean', 즉 '콩'을 의미하며, 영어 이름인 'bean goose'라는 말은 수확이 끝난 콩밭의 콩을 즐겨 주워 먹는다고 붙은 이름이다. 흰기러기처럼 태풍 등으로 말미암아 본래의 이동 경로나 분포역으로부터 떨어져 나온 새를 '길 잃은 새', 또는 '미조迷鳥'라 한다.

기러기는 한자어로 '안雁', '홍鴻', 또는 '홍안鴻雁'이라 하고, 멀리 오가는 새라 먼 곳에서 전해 온 반가운 편지를 '안서雁書'라고 한다. 몸은 수컷이 암컷보다 크며, 몸길이는 83센티미터 정도이다. 암수 모두 흑갈색이며, 부리는 검정색이나 끝에 노란 띠가 있고, 다리는 오렌지색이다.

큰기러기는 한국에 찾아오는 기러기 무리 중 쇠기러기 다음으로 흔한 겨울새로 전국에서 볼 수 있고, 큰 무리를 이루며, 휴식 중에도 한두 마리는 늘 깨어 있어 은근슬쩍 경계하고 감시하면서 보초를 선다. 위험이 닥치면 기겁하여 부랴부랴 모조리 함께 날아오르며 '까륵까륵'하는 또랑또랑한 소리를 내지른다. 10월 하순에 찾아오기 시작하여 3월 하순이면 벌써 떠난다. 습지와 물가에서 먹이를 찾고, 쉴 때는 한쪽 다리로 서 있거나 배를 땅에 대고 머리는 뒤로 돌려 등 깃에 파묻는다. 물론 물에서도 먹이를 찾기에 발가락 사이에 넓고 큰 물갈퀴가 있다. 이동할 때는 경험이 많은 기러기를 선두로 하여 V자 모양으로 날아간다. "기러기 훨훨 날아간다, 가을 밤 달은 처량한데……."라는 구슬픈 노래를 절창했었지.

기러기 한배의 산란 수는 4~5개이며, 알은 분백색粉白色이고, 포란 기간은 25~30일 정도이다. 암컷은 알을 품기 시작하면 좀처럼 둥지를 떠나지 않으며 하루 한 번 정도 먹이를 찾을 뿐이다. 수컷은 빤히 보이는 둥지 주변에서 늘 경계를 게을리 않는 파수꾼이다. 먹이는 보리나 밀, 잡초의 푸른 잎이나 버려진 낟알, 지푸라기에 붙은 벼 이삭, 잡초의 씨 등이다. 유라시아 북부, 시베리아, 툰드라 지대에서 번식하고, 남쪽 온대 지방에 와서 겨울을 나며, 우리나라 서산, 금강, 낙동강, 주남저수지 등의 강 하구나 농경지, 갯벌, 호수, 논밭 등 시야가 확 트인 곳에서 지낸다. 그래야 독수리 같은 천적을 쉽게 발견할 수 있기 때문이다.

암컷과 수컷의 사이가 좋다 하여 전통 혼례에서는 '목안木雁, 나무 기러기'을 전하는 의식이 있으며, 또 다정한 형제처럼 일사불란一絲不亂하게 줄지어 나는 모습 때문에 남의 형제를 높여서 '안항雁行'이라 하기도 한다. 요즘엔 외국은 물론 국내에서도 자식 교육을 위해 가족이 멀리 떨어져 사는 일이 다반사라 신조어新造語가 생겨났으니, 그것이 바로 '기러기아빠'요, 영어로는 'wild goose daddy'라고 한다나. 우리는 어린 시절에 일찍 기러기를 만난다. "아침 바람 찬바람에 울고 가는 저 기러기~"라는 동요가 있지 않은가.

그렇다면 기러기와 거위는 어떤 관계인가? 그렇다. 영어로 보통 기러기를 'wild goose'라 하는데 이 야생 기러기를 길들여 식용으로 개량한 가금家禽이 거위*Anser domesticus*, goose다. 심상치 않다 싶은 사람이 나타나면 꽥꽥거리며 사람 주눅 들게 달려드는 거위가 바로 기러기렷다! 거위 품종에는 유럽계와 중국계가 있는데, 유럽계는 '회색기러기'를 개량한 것이고, 중국계는 '개리'를 개량한 것이라 한다. 거꾸로 읽어도 같은 뜻이 되는 단어나 문장을 순역동의어구順逆同意語句라고 하는데, 이 글에 나온 기러기도 순역동의어구가 아닌가.

◘ 논에서 우는 뜸부기 *Gallicrex cinerea*

뜸부기는 두루미목Gruiformes 뜸부깃과Rallidae의 새로 몸길이는 33센티미터 정도이다. 우리나라에 흔한 여름 철새였으나 최근에는 아주 보기 드물어졌다. 여러 까닭이 있겠지만 무엇보다 유독 정력에 좋다는 헛소문에 크게 희생당했다고 여겨진다. 하긴 얼토당토않게 몸에 좋다는 이야기가 슬금슬금 들불처럼 번지면 남아나는 것이 없으니 심지어 까마귀도 그렇게 수난을 당하지 않았던가. 무턱대고 양잿물도 먹을 사람들이다.

일찍이 서양 사람들은 뜸부기가 닭을 닮았다 하여 '물닭water cock'이라 이름 붙였으니 알고 보면 둘은 꽤 비슷하다. 노란색 부리에 부리 기부에서 머리 꼭대기까지는 새빨간 이마 판이 있고, 날개와 꼬리는 짧으며 다리와 발톱이 아주 길다. 다리는 연한 녹색이고, 몸이 좌우로 납작하여 갈대밭이나 풀숲 사이를 살살 빠져 다니기에 알맞다.

보통은 숨어 사는 은둔형이지만 아침저녁에는 높은 소리를 내면서 나타나 곤충이나 물달팽이, 식물의 씨앗 등을 찾는데, 진흙이나 얕은 논바닥을 파헤치면서 부리 끝으로 느껴 먹이를 잡거나, 눈으로 보고 주워 먹기도 한다. 6~9월에 갈대나 왕골 등이 무성한 풀숲에서 풀의 잎줄기를 물 위에 30센티미터 정도의 접시 모양으로 쌓아 올려 거기에 담갈색 얼룩무늬가 있는 알을 3~5개 낳는다. '뜸북 뜸북 뜸 뜸 뜸' 소리를 내며, 천연기념물 446호로 보호받는다. 정녕 이러다가 억세고 드센 참새, 까치 빼고는 죄다 보호종이 되는 게 아닐까? 우리나라나 중국에서 번식하는 녀석들은 겨울에 동남아시아에서 월동하며, 인도, 필리핀, 타이완, 인도네시아 등 아열대 지역에선 눌러앉아 붙어사는 텃새이다.

옛날 옛적엔 뜸부기가 얼마나 우리 주위에 흔했던가 하는 것을 이골이 나게 불렀던 바로 이 노래에서도 새삼 느낀다. 「오빠 생각」을 같이 한번 불러 보자.

> 뜸북 뜸북 뜸북새 논에서 울고 뻐꾹 뻐꾹 뻐꾹새 숲에서 울 제
>
> 우리 오빠 말 타고 서울 가시면 비단 구두 사 가지고 오신다더니
>
> 기럭 기럭 기러기 북에서 오고 귀뚤 귀뚤 귀뚜라미 슬피 울던 날
>
> 서울 가신 오빠는 소식도 없고 나뭇잎만 우수수 떨어집니다

◘ 총알처럼 재빠른 물총새 *Alcedo atthis*

파랑새목Coraciiformes 물총샛과Alcedinidae의 물총새kingfisher는

맵시 나는 몸매에 닮고 싶도록 현란한 옷을 입었다! 몸길이는 약 17센티미터로 몸집이 땅딸막하다. 날개 위는 광택이 나는 청록색이고 가슴과 배는 주황색이며, 등과 위 꼬리깃은 파란색에 멱은 흰색이다. 검고 뾰족한 부리는 아주 길고, 다리는 붉고 짧으며, 머리는 크고 목과 꼬리는 짧다. 영어 이름인 'kingfisher'는 아마도 '물고기 잡는 데는 귀신'이라는 뜻이 들었을 것이요, 여름 철새이지만 우리나라에 사는 일부는 남녘에서 월동하기도 한다.

호수나 계곡, 강의 얕은 곳이 사냥터인데 보통 1~2미터 정도 높이의 물가 나무나 바위 위 망대에서 꼼짝 않고 묵묵히 앉아 있다가 먹이가 보이면 공중으로 날아올라서 한참을 정지 비행제자리 비행하다가 단숨에 반짝이는 물비늘을 뚫고 잽싸고 가파르게 수직으로 풍덩! 총알처럼 성큼 내리꽂으니 수심 25센티미터까지 잠수한다. 소용돌이치면서 솟아오른 물총새의 그 길고 큰 부리에는 물고기 한 마리가 퍼덕퍼덕 물려 올라온다. 어릴 적 늘 봐 왔던 모습으로 정말로 멋지고 환상적이었지. 어찌 물속의 고기를 찾아내는 눈을 가졌단 말인가!? 물속에서 보는 것이 공기 중에서만 못하지만 그래도 움직이는 물체나 거리 등을 정확히 가려내어 먹이를 잡는다고 한다.

잡은 물고기는 바위나 나뭇가지에 내리 패대기쳐 으깨다시

피 하여 죽인 다음에, 다른 동물들이 다 그렇듯이 날선 지느러미에 걸리지 않도록 반드시 머리부터 삼킨다. 먹이는 주로 물고기지만 올챙이, 개구리, 잠자리 유충 등 수서 곤충류도 먹는다. 부엉이나 올빼미가 깃털이나 뼈를 토해 내듯 물총새도 삭이거나 녹이지 못하는 뼈와 지느러미 자투리, 즉 탄환 모양의 작은 덩어리인 펠릿pellet을 하루에 서너 번 연거푸 토해 낸다고 한다.

3~8월경에 작은 강이나 호수의 물가에서 그리 멀지 않은 낭떠러지 흙벽에 60~90센티미터 깊이의 구멍을 뚫고, 가장 안쪽을 넓고 둥그렇게 파낸 후 둥지를 만들어 다른 치장 없이 단지 펠릿 부스러기로 바닥을 깔아 알자리를 튼다. 한배에 5~7개의 크고 흰 알을 낳는데, 알은 1개에 4.3그램 정도이다. 19~20일간 알을 품으며, 새끼를 보살펴 기르는 기간은 24~25일이다. 낮에는 암수가 알을 교대로 품으나 밤에는 반드시 어미가 품는다.

날개의 움직임이 아주 빨라서 보통 물 위를 스치듯 곧바르게 날며, 목소리를 낼 줄 모르는 새로 오직 후드득, 후드득 날개 퍼덕거리는 소리를 낼 뿐이다. 물총새는 강 생태계의 건강 상태를 나타내는 지표종이다. 원인 없는 결과는 없는 법. 만일 물총새가 강에 날지 않는다면 먹이 사슬이 부서지고 잘라져서 줄줄이 요동을 쳤음을 말한다. 이 글을 쓰면서 아스라이, 절절히 그리움에 사무친 어린 시절의 고향으로 내달려 가는군! 내 어릴 적 동네 앞 강의 깎아지른 강둑 절벽에는 이것들이 굴집을 많이도 지었다. 기름땀 흘리며 파낸 동그란 터널이 어찌나 깊은지 한 팔을 죽 뻗어 집어넣어도 막장에 손끝이 미칠 듯 말 듯 한다. 굴 안이 서늘한 것이, 뱀이 똬리를 틀고 도사리고 있지나 않나 싶어 좀 꺼림칙하지만 천진난만하기 짝이 없는 우리네 악동들은 그것에 구애받지 않고 알을 끄집어 내고 새끼를 괴롭혔다. 고깝게 들릴지 모르나 어린애들은 다 그런 것.

이를 어쩌나. 여름엔 홍수로 집을 잃고 먹이를 잡지 못해 죽는 수가 있으며, 겨울엔 동사하기 일쑤고, 고양이나 쥐에게 잡아먹히기도 한다. 그렇지만 다행히 세계적으로는 개체 수의 감소가 없어서 크게 신경 쓰지 않는 종이라고 한다. 그런데 왜 내 눈에는 그놈들 코빼기도 보이지 않는단 말인가. 설마가 사람 잡는다고, 혹시 괜찮겠지 했다가 결국 산통 깨지 말고 좀 남아 있을 적에 아끼고 보살필지어다. 암튼 억세고 끈질긴 물총새로다! 한국이나 일본에서 번식한 다음 겨울에는 인도네시아, 말레이시아 등지로 날아가고, 타이완이나 베트남 등지에서는 텃새로 지낸다.

5) 젖을 먹여 새끼를 키우는 포유류(哺乳類, Mammalia)

젖빨이동물이라고도 부르는 포유류는 30~40밀리미터 크기의 호박벌박쥐에서부터 33미터나 되는 대왕고래까지 크기도 각양각색이다. 몸은 머리, 목, 몸통, 꼬리의 4부분으로 나뉘고 털로 덮여 있는데, 사람은 진화 과정에서 몸의 털은 줄고 머리털만 그대로 남았다. 포유류의 피부에는 땀샘이, 암컷들은 젖샘이 있다. 목뼈는 사람이나 기린이나 다 7개이며, 아래위 양턱에 이빨이 있는데 앞니, 송곳니, 앞어금니, 뒤어금니로 분화되었고, 각 종마다 특유의 치식齒式이 있다. 참고로 사람의 것은 이빨이라고 하지 않고 이나 치아라고 한다. 가운데 귀에 3개의 청소골이 있고, 움직일 수 있는 눈꺼풀과 육질의 귓바퀴가 있다. 적혈구에 핵이 없고 대신 그 자리를 헤모글로빈이 채운다.

포유류는 조류와 마찬가지로 항온 동물이다. 콩팥은 후신형後腎型이고, 요도는 보통 방광에 열리며, 소변이 나오는 비뇨생식공과 대변을 배출하는 항문은 단공류單孔類, 오리너구리나 바늘두더지 따위를 제외하고는 따로 열린다. 대뇌 피질이 고도로 발달하였고, 12쌍의 뇌 신경이 이어져 있으며, 가슴과 배 사이에 근육성의 횡격막橫隔膜이 있어서 호흡에 관여한다. 암수딴몸으로 체내 수정을 하고 발생 중 요막, 양막, 장막 등의 배막胚膜이 생기며, 알을 낳아 품어서 젖으로 키우는 단공류를 제외하고는 난자가 자궁에서 발생한다. 단공류와 유대류有袋類, 캥거루 등를 제외하고는 태반胎盤이 형성되는 태생胎生이며, 새끼는 젖으로 양육한다. 현재 5400여 종이 알려져 있는데, 그중 70퍼센트는 설치류이다. 우리 사람을 포함한 종으로 한마디로 정의하면 어미가 새끼를 낳아 젖을 먹여 키우는 가장 고등한 동물이다. 그런데 우리나라 강물을 터전으로 잡고 사는 포유동물은 귀하디귀해 오직 수달 1종이 있을 뿐이다.

◘ 족제비 사촌인 수달 *Lutra lutra*

수달水獺은 식육목Carnivora 족제빗과Mustelidae의 포유류이다. 녀석들은 물과 뭍을 오가며 사는 짐승으로, 서양에는 강물에 사는 동물로 비버beaver도 있지만 아시아 및 우리나라에서는 강에 사는 놈들 중 유일한 포유동물이다! 물에서 고기를 잡아먹고 산다 하여 수달인데, 뜬금없이 산으로 올라가 아예 거기서 눌러 사는 놈이 있으니 이를 산달山獺이라 하고, 이와 달리 바다에 사는 수달도 없잖아 있으니 해달海獺이라 한다. 수달은 쉽게 말해서 족제비, 오소리, 담비와 비슷한 무리다.

아주 오래 전 수달은 땅에서만 살아가던 동물이었으나 우왕좌왕 갈피를 못 잡고 지내다가 불쑥 물로 들어가 오랜 세월 거치는 동안에 드디어 물 생활에 적응, 진화하였다고 한다. 물에 맞추어 응하느라 몸부림친 탓에 다리는 짧아졌고, 몸뚱이는 매끈하고 길게 변했으며, 앞뒷발 모두에 넓적한 물갈퀴가 생겨나 도리어 '물고기 사냥꾼'이 되었다. 잡은 물고기는 주로 바위 위에서 먹으며 송곳니가 발달해서 큰 물고기도 통째로 씹어 삼킨다. 그래도 육지 생활의 흔적이 남았으니 아가미가 아닌 허파로 숨을 쉬고 몸엔 털이 부숭부숭하다.

수달의 영어 보통 이름은 'European otter'이니 우리나라에만 사는 동물이 아니라 유럽, 북아프리카, 아시아 등지에 널리 분포한다는 것을 알 수 있다. 우리나라에서는 멸종될 위험이 있어서 천연기념물 제330호로 지정하여 보호하고 있으며, 역시 세계적으로도 보호종이다. 헌데 멀쩡한 사람들이 수달하고 무슨 원수졌다고 놈들을 그렇게 못살게 잡아 족치는 것일까? 알다가도 모를 일이다. 그렇다. 옛날 우리 어릴 때는 비둘기나 토끼와 맞닥뜨리면 금세 얄팍한 수렵 본능이 동하여 눈에 불을 켜고 두리번두리번 돌멩이부터 찾았는데 요새 어린이들은 하나같이 기특하게도 먹이를 구해 와서 먹여 준다. "곳간이 넉넉히 가득 차야 예절을 알고, 의식衣食이 족해야 영욕榮辱을 안다."고 어쩌면 그 말이 그리도 맞는지 모르겠다. 어서 심성이 고운 다음 세대에게 이 귀중한 자연물을 넘겨줘야 할 듯. 산토끼나 노루, 수달 할 것 없이 눈에 띄면 잡아먹을 생각만 했던 무자비한 우리 세대는 어서 거去해야지. 한술에 배부르랴. 수달들아, 조금 만 더 기다려라. 머잖아 좋은 세상이 도래하여 그대들이 호강하게 될 날 있으리니.

수달이 족제빗과 동물이라고 하니 족제비*Mustela sibirica coreana* 이야기를 조금만 덧붙인다. 족제비 학명에 'coreana'가 나온다. 한국 족제비가 중국이나 일본, 유럽 것들과 조금 달라서 붙인 아종명亞種名인데, 다른 나라의 것과 서로 조금씩 다를 때 그렇게 이름을 붙인다. 그러므로 썩 귀한 우리나라 족제비라 하겠다!

족제비는 수컷이 32~40센티미터, 암컷이 25~28센티미터로 다른 포유류처럼 수컷이 암컷보다 좀 더 크다. 머리는 납작한 것이 주둥이는 뾰족하며 귀가 작으면서 네 다리는 짧다. 철에 따라 털색이 바뀌니, 겨울털은 깔끔한 것이 부드럽고 매끄러우며 광택 나는 황적갈색이고, 여름털은 거칠며 암갈색이다. 평지나 산기슭, 물가, 인가 근처에 주로 살며 헤엄도 잘 친다. 야행성으로 뱀, 개구리, 새, 물고기 외에 귀뚜라미, 메뚜기, 여치 같은 곤충이나 쥐, 토끼도 잡아먹는다. 무엇보다 시골에선 닭장에 숨어들어 알토란 같은 닭을 훔쳐 가는 일이 흔했으니 놈들을 잡겠다고 덫을 놨었지. 오죽 화가 났으면 그랬겠는가. 모피로 아주 좋고, 특히 꼬리털은 황모黃毛라 하여 붓을 만드는 데 일품이다. "족제비 잡아 꼬리 남 준 격이다."라는 말이 있으니, 공들인 결과를 엉뚱한 사람에게 빼앗겨 버렸다는 뜻이다. 뭐니 뭐니 해도 곰은 쓸개요, 족제비는 꼬리다!

수달 이야기로 되돌아오자면, 앞서도 말했듯이 수달은 민물에 사는 유일한 포유동물이며, 그래서 생물학적으로 썩 진귀한 동물이다. 몸길이 63~75센티미터, 꼬리 길이 41~55센티미터, 몸무게 5.8~10킬로그램으로 꼴은 앞에 이야기한 족제비와 비슷하지만 훨씬 덩치가 크고, 주로 수중 생활을 한다. 머리는 원형이고 코는 둥글며, 눈은 작고 귀는 짧고, 꼬리는 둥글며 끝으로 갈수록 가늘어진다. 역시 네 다리는 짧고 발가락에는 물갈퀴가 있어 물을 헤쳐 가기에 썩 편리하다. 게다가 꼬리가 배의 키를 닮아 수영하기에 아주 좋고, 물속에서는 귓구멍과 콧구멍을 닫을 수 있다. 털에 기름이 번질번질하여 물에 젖지 않을뿐더러 냉기를 차단하는 작고 가는 털이 촘촘히 나 있다. 유럽종에는 항문선肛門腺이 발달하여 심한 악취를 풍기는 놈도 있다 한다. 그것이 우리에겐 악취일지언정 끼리끼리는 향기일지어다.

야행성이라 낮에는 굴에서 지내는데, 굴집은 물속에서 위로 뚫린 통로를 따라 들어가고 공기구멍은 땅 위쪽으로 낸다. 여느 동물도 접근이 불가하니, 낮에는 이렇게 안전한 곳에 숨어 쉬며 위험한 일이 생기면 득달같이 물속으로 후닥닥 뛰어든다.

감각이 발달하여 작은 소리도 잘 들을 수 있고, 예민한 후각으로 물고기를 잡으며 천적의 습격도 피한다. 먹이로는 주로 비늘이 없는 물고기인 메기, 가물치, 미꾸리 등을 좋아하며 개구리나 게도 잡는다. 서양 것들은 더더욱 다부지고 사나워서 뭇 새나 비버까지도 잡아먹는다고 한다. 옳거니, 언제나 먹새 좋은 동물이 생존력도 강한 법! 호수, 샛강, 강, 연못 등 먹이가 풍부하고 깨끗한 물 있는 곳에는 어디서나 살며, 생뚱맞게 바닷가에도 간혹 출몰하는데 반드시 소금기가 묻은 털을 곧바로 민물에 씻을 수 있는 곳이다.

시골 우리 동네 큰 강에서도 자주 맞닥뜨렸던 수달이다. 여기저기 일광욕하느라, 아니면 배가 두두룩한 것이 식후 혼곤한 잠에 취해서 너럭바위에 넙죽 엎드려 있던 모습이 눈에 선하다. 밀렵꾼들이 그 모습을 봤으니 그냥 둘 리가 없지. 모피를 얻겠다고 덫을 놓아 남획하는 데다 농약이나 더러운 가축 배설물에 따른 강의 오염, 도시화나 개발 등으로 삶터와 먹이 잡을 터를 잃게 되면서 그 수가 턱없이 줄어 버렸다. 어디 '발등에 떨어진 불'의 처지에 놓이지 않은 생물이 있을라고. 절치부심切齒腐心에다 와신상담臥薪嘗膽해서 우리 인간들에게 따끔하게 보복할 것이다. 명약관화明若觀火라고 불 보듯 뻔한 것이 아닌가. 보라, 자연도 마냥 당하고만 있지 않는다는 것을. 전 세계에 기상 이변이 일어나지 않는가. 우리보다 한술 더 떠서, 이웃 일본에서는 이미 멸종된 것으로 알려졌으니 그 꼴 날까 겁난다. 반면 유럽에서는 되레 개체 수가 증가 추세에 있다 하니 강물의 정화에 힘을 쏟은 탓이리라. 무엇을 더 바라겠는가. 그들과 상생하는 것은 곧 누이 좋고 매부 좋은 것!

수달은 단독 생활을 하며 텃세를 심하게 부리는데, 보통 1마리가 직경 18킬로미터의 영역을 차지한다고 한다. 영역의 크기는 먹이의 밀도에 달렸으니 먹이가 넘치면 그 범위가 확 줄어든다. 홀로 살다가도 번식 시기인 1~2월경이 되면 암수가 만나 물에서 짝짓기를 하고 60여 일간의 수태 기간을 거쳐 2~3마리의 새끼를 낳으며, 새끼들은 근 1년간 어미의 보호를 받는다. 수컷은 특별한 일을 하지 않고, 새끼를 키우는 시기에는 암컷을 자기의 영토에 머물게 하지만 나중에는 제가 먹고 살자니 암컷과 새끼가 옥죄어 결국 매정하게 쫓아낸다.

수달은 남자의 양기陽氣에 좋을 뿐 아니라 전장戰場에서 화살을 맞았을 때 전독箭毒을 해독시키는 약으로도 썼다고 한다. 다행하게도 비아그라라는 영약(?)이 나온 다음엔 좀 덜해졌다고 하지만 예나 지금이나 그놈의 '정력' 때문에 죽어나는 건 소중한 야생동물들이다.

수달이란 놈은 고사古事에 자주 등장하는 보은報恩하는 짐

승이다. 옛날 한 효자가 엄동설한에 잉어가 먹고 싶다는 노모의 소원을 들어 주기 위해 안쓰럽게도 센 바람 내리갈기는 강가로 허겁지겁 달려갔다. 내처 목메어 기도를 했더니만 수달이 커다란 잉어 한 마리를 잡아다가 곁에 놓고 갔다 한다. 지성至誠이면 감천感天이라! 어쨌거나 이렇게 착한 수달이 못 사는 강은 이미 죽은 강이다. 어리석은 인간들아, 손 놓고 보고만 있을 것인가. 제발 뭉그적대지 말고 어서 강을 되살려 내라!

그럴싸하게 신나는 일도 더러 있는 법. 분단의 강인 북한강 상류에는 수달들이 버젓이 분단을 뛰어넘어 지난 반세기 동안 수시로 남과 북을 종횡무진 드나들면서 일찌감치 앞장서 통일을 이루었다고 한다! 통일의 선봉에 선 수달! 볼썽사나운 저 철조망들 속히 걷어 내고, 사람도 맘대로 오갈 수 있는 통일이여, 어서 오라!

물에 사는 식물인 수생 식물

수생 식물水生植物, aquatic plants은 땅속에 뿌리를 내리고 잎과 꽃을 수면水面에 띄우는 부엽 식물浮葉植物, floating-leaved hydrophytes, 연꽃 · 수련 등, 역시 뿌리는 물 밑에 두고 육지와의 경계에서 수면 위로 잎과 줄기가 뻗는 정수식물挺水植物, emergent hydrophytes, 부들 · 부레옥잠 · 물옥잠 · 미나리 등, 잎과 줄기가 물에 완전히 잠겨 있는 침수 식물沈水植物, submerged hydrophytes, 붕어마름 · 물수세미, 식물체가 통째로 물 위나 수중에 떠다니는 부유 식물浮游植物, free-floating hydrophytes, 개구리밥 · 생이가래 등로 크게 나눈다.

수생 식물은 일반적으로 물관과 체관이 있는 관다발 식물 중 물에서 자라는 초본 식물을 말하며, 보통 '수생 유관속 식물水生維管束植物'이라 한다. 수생 유관속 식물은 어느 조직이든 기체가 들어 있는 공간이 발달하였는데 이를 통기 조직通氣組織이 라 부른다. 통기 조직이 차지하는 비율은 수생 식물 전체 부피의 30~60퍼센트이다. 이것은 물에 사는 식물들에게서 얼마나 공기 결핍이 쉽게, 자주 일어날 수 있는지를 말해 준다.

국내에서 자생하는 수생 식물은 180여 종에 이르는 것으로 알려져 있다. 수생 식물은 수중의 인, 질소 등 영양 염류를 먹어 치워 수질을 정화하고, 어류 등 각종 수생 동물에게 산란 및 서식 공간을 제공한다. 따라서 팔당호 등지에 갈대, 줄, 애기부들, 달뿌리풀 들을 심은 인공 수초人工水草섬을 설치하였으며, 상당히 정화 효과가 있는 것으로 알려졌다.

◘ 물고기 부레 모양의 부레옥잠 *Eichhornia crassipes*

부레옥잠common water hyacinth은 물옥잠과Pontederiaceae에 들고, 잎사귀가 둥글넓적하지만 외떡잎식물(보통 잎이 좁고 김)로 꽃을 피우는 여러해살이 식물이다. 열대, 아열대, 온대 지역에 살며, 세계적으로 7종이 있다 한다. 잎은 달걀 모양이며 연두색에 윤기가 나고, 잎자루는 불룩하게 부풀어서 물고기의 뜨고 가라앉음을 조절하는 하얀 공기주머니인 부레를 닮았다 하여 부레옥잠이라 부른다. 잎자루 안은 틈이 많은 해면 구조를 하고 있어 칼로 잘라 보면 작은 구멍이 숭숭 가득 난 것이 스펀지를 닮았다. 틈새에는 공기가 한가득 들어 있고, 그 공기의 힘으로 물에 둥둥 뜬다. 괴이하고 신통하게도 잎자루에 공기를 집어넣어 물에 뜨는 재주를 가진 부레옥잠!

부레옥잠은 남미 아마존 지역이 원산지이고, 잎이 두껍고 둥그스름하며, 어떤 것은 1미터까지 자란다. 물을 맑게 하기 위해 일부러 들여온 귀화 식물歸化植物로 소와 돼지의 가축우리에서 나오는 오염된 물에 부레옥잠을 심는다. 심는다지만 그냥 물이 흐르지 않는 곳에 띄우는 것으로 수염뿌리처럼 생긴 잔뿌리가 물과 양분을 빨아들이고 몸을 지탱한다. 오염 물질 속에 든 납이나 수은 등 탐탁잖은 중금속을 줄이는 데도 효과가 있고, 다른 한편으로는 물고기들의 먹이가 되며 물에 산소를 듬뿍 공급한다.

꽃은 6개의 꽃잎으로 구성되었으며 연한 보랏빛 바탕에 황색 점이 나 있고, 긴 꽃대 둘레에 여러 개의 꽃이 이삭 모양으로 피는 수상 꽃차례를 이룬다. 수술 6개 중 3개가 길고, 수술대에 털이 있으며 암술대 또한 길다. 참고로 쌍떡잎식물의 꽃잎은 4와 5의 배수倍數이지만 외떡잎식물의 꽃잎은 3의 배수로, 보통 붓꽃 무리는 꽃잎이 3개인데 드물게도 옥잠 무리는 꽃잎이 6개이다. 줄기에서 어린 식물을 만들뿐더러 씨로도 번식을 하며, 그 씨앗은 거친 환경에서도 너끈히 30년을 죽지 않고 견딘다고 한다.

잎줄기의 품새가 색다르고 예쁜 꽃을 피우기에 가정에서 관상용으로 수반水盤에 키우기도 한다. 그런데 부레옥잠은 띠벼과의 여러해살이풀와 함께 다들 눈살 찌푸리며 썩 귀찮아하는 세계 10대 문제 잡초로 꼽힌다. "부자가 하나면 세 동네가 망한다."고, 이것들은 걷잡을 수 없이 재빨리 자라 덤비고 대들며 다른 식물을 못살게 짓밟을뿐더러 얽히고설키면서 물길을 막아 배가 다닐 수 없게 한다. 더구나 부레옥잠 더미가 물 위를 이불처럼 잔뜩 덮어 버리면 마침내 햇빛 한 줌도 물속에 들어가지 못하여 강과 호수가 질식당하고, 급기야 산소 부족으로 물고기를 비롯한 다른 생물들도 지치고 만다. 걸핏하면 다짜고짜로 달려드는 오만방자傲慢放恣하기 짝이 없는 녀석들이다. 하도 지독하여 제초제 등 화학 약품으로 잡는 것도 버겁고 여의치 않아 두 손 들었으니 속수무책束手無策이다. 그래서 차라리 생물학적인 방제 방법으로 바구미나 나방의 유충을 써서 이놈들을 갉아 먹게 함으로써 그 수를 줄이려는 시도를 하여 실제로 상당히 효과를 보고 있다고 한다.

헌데 다행히도 녀석들이 추위에 약해 우리나라에서는 겨울 강물에서 얼어 죽기 때문에 그런 황당한 피해가 없다. 타이완 같은 나라에서는 카로틴carotenes을 보충하기 위해 이것을 뜯어 먹기도 하고, 간신히 살아가는 아프리카의 일부 나라에서는 가구나 핸드백, 로프를 만들뿐더러 가축의 사료로도 쓴다고 한다. 또 번식 속도가 빠른 탓에 일부러 키워 그것을 태운 재를 비료로 쓴다 하고, 인도에서는 생물 연료로 에탄올ethanol을 뽑는 데 쓰기 위해 목을 매는 추세라 한다. 당최 알다가도 모를 칼날의 양면성을 지닌 부레옥잠이다!

옥잠 닮은 물옥잠 *Monochoria korsakowi*

부레옥잠을 닮은 우리나라 재래 식물在來植物인 물옥잠water hyacinth은 논과 늪에서 자라지만 정화 능력이 부레옥잠만 못하여 기어이 얄미운 부레옥잠을 들여온 것이다. 물옥잠은 부레옥잠과 마찬가지로 잎맥이 나란히맥인 외떡잎식물이며, 물옥잠과의 한해살이풀이다. 잎의 생김새가 뜰에 심는 옥잠화와 비슷하나 물에서 자라기 때문에 이런 이름이 붙었다.

잎은 어긋나기하고 심장 모양이며, 가장자리가 밋밋하고 끝이 뾰족한 짙은 녹색으로 반들반들하다. 줄기는 높이가 20~40센티미터에 이르고 퍼석퍼석한 스펀지같이 구멍이 부숭부숭 뚫려서 공기가 잔뜩 들었다. 뿌리는 부레옥잠과 달리 땅에 달라붙어 있어 떠다니지 않고 한자리에 머문다. 꽃은 줄기 끝에 달리며 9월에 청색을 띤 자주색으로 피고, 꽃 밑부분에 칼집 모양의 포苞, 꽃대의 밑이나 꽃자루의 밑을 받치고 있는 녹색 비늘 모양의 잎가 있다. 꽃잎은 6개로 갈라지고 수평으로 퍼지며, 갈라진 꽃잎 조각은 타원형이다. 수술 6개 중 5개는 짧고 노란색이며, 나머지 1개는 길고 자주색이다. 수술에는 갈고리 같은 돌기가 있다. 주로 늪이나 못 같은 물가에서 자라며 한국 각지에 분포하고, 일본, 중국, 시베리아 동부에도 분포한다.

◘ '고양이 꼬리'라 부르는 부들 *Typha orientalis*

부들은 외떡잎식물 부들목Poales 부들과Typhaceae의 여러해살이풀로 연못 가장자리와 습지에 자생한다. 한국, 일본, 중국, 우수리 등 동양에 주로 분포하기에 종소명에 'orientalis'가 붙었다. 종명인 'Typha'는 한자로 포蒲이며, 우리말로 부들이라는 뜻이다. 세계적으로 11종이 있으며 그중에서 부들은 아시아에 주로 분포하지만 세계적으로 분포하는 종이다.

높이는 1~1.5미터이고 뿌리줄기가 옆으로 뻗어 번식하며, 너무 촘촘히 나기에 다른 식물들이 감히 근접을 못한다. 잎은 너비 5~10밀리미터로 줄 모양이며, 줄기의 밑부분을 완전히 둘러싸면서 어긋나기互生한다. 줄기에는 마디가 없고 뿌리줄기는 수평으로 뻗어 새로운 새끼 부들을 만든다. 물에서 살지만 뿌리는 진흙에 닻처럼 내리고 있고, 잎과 줄기는 물 밖으로 드러내는 전형적인 정수식물이다.

꽃은 단성화單性花로 6~7월에 노란색으로 피며, 원기둥꼴의 꽃이삭에 달린다. 꽃 위에는 아주 작은 수꽃이삭, 밑에는 꽃의 대부분을 차지하는 암꽃이삭이 달리니 그 모양이 소시지sausage나 고양이 꼬리를 닮았다 하여 'cattail'이라 부른다. 열매이삭의 길이는 7~10센티미터이고 적갈색이다. 열매에는 수천 개의 씨앗이 들어 있는데, 씨는 0.2밀리미터 정도로 눈곱만 하고, 작은 털이 가득 붙어 있다. 이삭이 익으면 흐물흐물 솜털같이 삭으면서 때마침 불어오는 바람을 타고 온 사방으로 흩어져 날아간다. 잎이 부드러워 '부들부들하다'는 뜻에서 '부들'이라는 이름이 붙은 듯하다. 식물체는 갈대를 많이 닮았지만 꽃이삭이 서로 판이하게 다르다.

강가에 빽빽하게 들어찬 부들은 뿌리가 흙의 침식을 막고 다양한 곤충과 새, 양서류의 보금자리가 된다. 늦가을에서 이른 봄까지 뿌리는 당의 농도가 짙어 아주 맛있고 영양가가 높으며 섬유소가 많다. 어린잎의 아래 부위는 벗겨서 날로 먹거나 쪄서 먹을뿐더러 꽃가루는 모아 밀가루에 넣는다. 공중을 나는 여문 열매씨앗는 피부를 가렵게 하거나 천식을 일으킨다고 하지만 옛날엔 옷가지들에 솜 대신 넣었으며, 새들은 그것을 모아서 둥지 안에 깔았다. 서양에서는 지금도 마다 않고 부들부들한 씨앗을 베개에 넣기도 한다.

특히 큰부들*T. latifolia*은 절박하고 쪼들리게 살았던 아메리카 인디언들의 주식 중 하나였다. 뿌리는 껍질을 벗기고 삶아서 감자처럼 먹거나 으깨어서 끓여 달콤한 시럽을 얻기도 하고, 단백질이 풍부하기에 말려 가루를 내어서 비스킷, 빵, 케이크를 만들어 먹었다. 그들은 의약품으로도 부들을 썼으니 어린잎에서 뽑은 젤리를 상처나 불에 덴 곳, 소염 진통에도 썼다 한다. 우리나라에서도 잎줄기로는 방석을 만들고, 꽃가루는 한방에서 지혈, 이뇨제로 사용하였다. 아무튼 부들은 의외로 여러 가지 만만찮게 유용한 식물이다.

◘ 거머리가 들끓는 미나리 *Oenanthe javanica*

미나리water dropwort는 쌍떡잎식물 산형화목Apiales 미나리과Apiaceae의 여러해살이풀이며, 크게 물미나리와 돌미나리로 나눈다. 물미나리는 논에서 자라고 재배하여 '논미나리'라고도 하는데 줄기가 굵고 길며, 바로 이것이 시장에 나오는 미나리다. 이것에 비해 '밭미나리'라고도 부르는 돌미나리는 축축한 밭 가등 땅에서 야생하는 것으로 물미나리에 비하여 줄기의 마디가 짧고 잎사귀가 다닥다닥 붙은 것이 자잘하다. 어디 찬밥 더운밥 가리게 됐나. 물이 있건 없건 살아가는 미나리로다!

서양 사람들은 미나리를 보통 'Japanese parsley'라거나

'Chinese celery'라 부르고 일본 사람들은 '세리セリ'라 부른다. 속명 'Oenanthe'는 그리스 어 'oinos'에서 온 말로 '술wine', 'anthos'는 '꽃flower'이라는 뜻으로 꽃에서 술 냄새가 난다는 특징 때문에 그런 이름이 붙었다. 미나리꽃 냄새를 한번 맡아 볼 것이다! 그런데 말이다, 집사람이 미나리 잎줄기를 싹둑 자르고 나서 부엌 한구석에 놓아두었더니만, 남은 아랫동아리 밑동에서 검질기게도 여리디여린 연두색 새순이 잇달아 막 길길이 솟아나고 있다! 남다르게 끈질긴 생명의 뿌리를 가진 미나리다! 뚱딴지 같은 소리로 들릴지 모르지만, 탁상 한 켠에 한갓지게 놓인 작은 화분 하나에서 새삼 마음의 평강平康을 찾는다. 식물 하나가 집안에 있는지 없는지에 따라 삶의 농도와 사는 맛이 다르다고 하였으니……. 질그릇 속의 작은 나무 한 그루 가녀린 풀 한 포기는 바로 주부의 고운 마음을 심은 것이요, 아름다운 심성이 녹아든 것 아니겠는가!?

미나리를 심는 논을 '미나리꽝'이라 부르는데, 땅이 걸고 물이 늘 괴는 곳으로 옛날에는 대개 우물 근처가 미나리꽝이었으니 허드렛물은 모두 그리로 흘러들었다. 샘 가에서 먹을거리를 씻을뿐더러, 수시로 빨래도 하였기에 미나리꽝에는 영양분이 많아 실지렁이 등 여러 물벌레들이 무시로 들끓었고, 바늘 가는 데 실 가듯이 육식성인 거머리들이 그것들을 잡아먹겠다고 득실거렸지. 미나리는 줄기 밑부분에서 가지가 갈라져 옆으로 더 멀리 퍼지고, 줄기는 매끈한 것이 털이 없고 향기가 있으며, 키는 20~50센티미터다. 우리나라에는 없지만, 본종과 비슷한 종 몇은 아주 독성이 강해서 미나리풀 한 포기면 소 한 마리도 죽일 수 있다 한다.

흰색 꽃은 7~9월에 피고 꽃대의 꼭대기에 여러 개의 꽃이 방사형으로 달리니 무한 꽃차례의 하나인 산형 꽃차례이고, 꽃잎은 5개이며, 안으로 구부러진다. 독특한 풍미가 있는 알칼리성 식품으로 연한 부분은 주로 채소로 쓴다. 맛과 향기가 특이한 것은 말할 것 없고 더욱이 아삭아삭, 질깃질깃 씹히는 맛이 일품인 미나리다. 미나리는 해독 작용이 뛰어나 숙취를 다독이는 데 도움을 주는 것으로 알려졌으니, 복지리나 복매운탕에 깨끗하고 질박한 콩나물과 미나리를 듬뿍 넣어 자박자박 끓인다. 입에 척척 감기는 복국을 뚝딱 한 뚝배기 먹고 나면 술이 땀 되어 듬뿍 흐르고 지친 몸이 가뿐해진다! 뿐만 아니라 정갈한 김치의 재료, 강회미나리 줄기를 데쳐서 만든 회, 샐러드, 생채, 녹즙 등으로도 애용하고, 비타민 B군, 비타민 A와 C, 미네랄이 풍부하여 간 기능을 개선시키는 효과가 있다고 한다. 한국, 일본, 중국, 타이완, 인도 등 동아시아에 주로 자생하지만 미국에도 몇 개 주에 이미 도입되었다고 한다.

◘ 광합성 실험에 감초인 붕어마름 *Ceratophyllum demersum*

붕어마름hornwort은 쌍떡잎식물 미나리아재비목Ceratophyllales 붕어마름과Ceratophyllaceae의 여러해살이풀이며 금붕어풀 또는 금어초金魚草라고도 한다. 속명 'Ceratophyllum'의 'keras'는 그리스 어로 '뿔horn', 'fullon(phyllon)'은 '잎leaf'이라는 뜻으로 '뿔 닮은 이파리'라는 의미이고, 'demersum'은 라틴 어로 '물 밑under water'이라는 뜻이다. 보통 이름인 'hornwort'의 'horn'도 '뿔'이요, 'wort'는 '식물plants'이라는 뜻으로 '뿔 모양의 식물'이라는 뜻이다. 원줄기의 길이는 20~40센티미터이고, 잎 하나의 길이는 1.5~2.5센티미터이다. 6~12개의 잎이 각각의 마디에 돌려나고, 이파리 하나는 2~4번 2갈래로 갈라지니 그 모양이 뿔 꼴을 하는 것이다.

진정한 뿌리는 없고 줄기가 변한 헛뿌리가 땅바닥에 나는데 그 헛뿌리는 단순히 몸을 지탱하기 위한 것일 뿐 물과 양분은 식물 전체에서 흡수하기에 땅에 사는 식물의 뿌리와는 그 기능이 좀 다르다 하겠다. 다시 말해서 줄기가 변한 헛뿌리가 바닥에 자리를 잡아 식물체를 떠내려가지 않게 붙잡는 것이다. 줄기 아래에 많은 옆 가지가 나와서 식물체 하나가 무성하게 우거져 큰 뭉치를 이루니 그 모양이 너구리 꼬리를 닮았다고 'racoon' s tail'이라 부르기도 한다. 물속에 잠겨 사는 침수 식물沈水植物이면서 암꽃과 수꽃을 같이 피우는 암수한그루이며, 따라서 열매가 여무는 속씨식물이다. 물의 흐름이 거의 없거나 아주 느린 연못이나 개울물에 통째로 잠겨 살며 줄기의 길이는 1~3미터나 되는 것도 있다. 모든 수초들이 그렇듯이 물속에는 공기가 적어서 호흡하기 어려우므로 줄기 속을 비워서 통기 조직에 공기를 저장한다. 물이 귀한 사막의 선인장이 물을 저장하는 저수 조직貯水組織을 만드는 것처럼 이렇게 식물 하나도 자기가 사는 환경에 적절하게 바뀐다.

줄기를 아예 잘라 수조나 수족관에 넣어 두면 뜸 들일 새도 없이 어느새 곁에서 헛뿌리를 한껏 내어 바닥이나 다른 물건에 기꺼이 달라붙으며, 솜털 모양의 가느다란 녹색 잎들은 물 밑에 작은 밀림을 이루어 그늘을 드리워서 그 아래에 물고기들이 모여들게 한다. 이 식물은 다른 생물을 자라지 못하게 짓누르는 타감 물질他感物質을 분비하는 것으로 알려져 있다. 하긴 어느 식물치고 그런 물질을 분비하지 않는 것이 없으니, 호락호락 업신여기고 깔볼 푸나무가 없다.

붕어마름은 어항에 심어서 물을 정화하는 물풀로 쓰기도 하지만 빛, 온도, 이산화탄소가 광합성에 어떤 영향을 미치는가를 증명하는 식물생리학 실험 재료로 약방의 감초처럼 쓰인다. 물이 든 시험관에다 붕어마름을 넣고, 같은 조건에서 빛, 온도,

이산화탄소 등의 조건을 바꿔 보며 광합성의 증감增減을 확인하니, 광합성을 하면 산소가 생겨 마름 마디에서 공기방울이 나오는 것으로 알아낸다. 우리나라 중부 이남 지역의 못이나 늪에서 생육하고, 온대 및 열대 지역 어디에나 분포하는 범세계적인 종이다.

◘기적적으로 살게 된 매화마름 *Ranunculus kazusensis*

매화마름은 미나리아재빗과의 침수 식물로 늪이나 물이 얕은 연못에서 자라며 길이가 약 50센티미터나 된다. 이 식물은 마디에서 뿌리가 내리고, 속이 비어 있다. 잎은 어긋나고 전부 물속에 들어 있으며, 뿔 꼴로 3~4회 갈라진 갈래 조각은 실같이 가늘다. 꽃은 4~5월에 피고 흰색이며 잎겨드랑이에서 꽃자루가 물 위에 나와 끝에 1개의 꽃이 달린다. 꽃 지름은 약 1센티미터, 꽃자루 길이는 3~7센티미터이다. 꽃잎은 5장이고 달걀을 뒤집어 놓은 모양이다. 한국, 일본 등지에 분포한다. 잎과 줄기는 앞에서 이야기한 붕어마름을 빼닮았으나, 꽃은 볕이 잘 드는 양달인 습지에서 잘 자라는 '물매화'를 닮았다. 환경부 지정 멸종위기야생식물 2급으로 시급히 보호를 요하는 식물이다.

벼농사를 짓는 자작한 무논들에서 자생하며, 우리나라 어디서나 볼 수 있던 흔한 물풀이었으나 안타깝게도 지금은 코빼기도 보기 힘들어졌으니, 이런 때 풍전등화風前燈火라는 말이 더욱 어울린다. 그런데 운 좋게도 인천광역시 강화군 길상면 초지리의 습지에서 사람들 등쌀에 모질게 부대끼면서도 용케 억척같이 잘 견뎌낸 매화마름 군락지를 발견하였으며, 한국내셔널트러스트Korean National Trust가 주관하여 그곳을 보존하게 되었고, 급기야는 2008년에 람사르 습지Ramsar wetland로 지정, 등록하였다. 이마저 못 찾았다면 어쩌면 물 건너갈 뻔했다. 참고로 내셔널트러스트란 영국에서 비롯한 민간단체인데, 자연을 보호하고 사적史跡 따위를 보존하는 일을 한다. 시민들이 자발적으로 알토란 같은 돈을 모금하여 보존 가치가 있는 금쪽 같은 자연 자원과 문화유산을 잇속 하나 없이 애써 사들여 보전, 관리하는 깨어 있는 환경운동이다. 나라에서 하지 못하는 일을 생판 잘 모르는 시민들이 서로 죽이 맞아, 순하고 거짓 없고 깨끗한 마음인 적자지심赤子之心으로 선뜻 나선 장한 모임이다!

◘브러시 닮은 물수세미 *Myriophyllum verticillatum*

물수세미water milfoil는 쌍떡잎식물 개미탑과Haloragaceae의 여러해살이풀로 자작한 연못이나 호수, 늪, 농로農路 등 물이 아주 천천히 흐르는 곳에 무리지어 산다. 속명 'Myriophyllum'의 'myrios'는 그리스 어로 '헤아릴 수 없이 많은'이라는 뜻이고,

'fullon(phyllon)'은 '잎'이라는 뜻으로 떼를 짓는다는 의미이다. 종소명 'verticillatum'은 라틴 어로 'verticillus', 즉 '돌려나기윤생'라는 뜻이다. 늘 학명에는 그 생물의 연유緣由와 특성이 묻어 있는 법! 참고로 속명 다음에 오는 이름을 일반적으로 식물에서는 종소명種小名, 동물에서는 종명種名이라 칭한다. 가을이 들면 겨울눈이 생겨 바닥에 떨어지고, 지긋지긋하게 길고 찬 겨울을 넘긴 후에 따스한 봄이 오면 뿌리를 내리면서 연신 싹을 틔우며 잠깐 사이에 훌쩍 자란다.

땅속줄기는 진흙 속에서 옆으로 뻗고, 잎은 4~5개씩 잘게 갈라지면서 마디마다 빽빽이 돌려나기를 하므로 그 꼴이 시험관이나 비커를 씻고 닦는 솔을 닮았다. 백발이 성성한 집사람도 내내 허드렛일 하면서 실험실에서 쓰는 억센 솔로 거뜬히 주전자 주둥이나 목 좁은 그릇을 씻는다. 이름을 '물수세미' 대신 '물솔'이라 했다면 더 식물 이름에 가까이 다가갈 수 있었을 터인데.

앞에서 이야기한 붕어마름처럼 뜻밖에 침수 식물이면서도 꽃을 피운다. 꽃은 아주 작으며 꽃잎이 4장이고, 연한 황색이다. 7~8월에 잎겨드랑이에 1개씩 꽃이 달리며 위쪽에 수꽃이, 아래쪽에 암꽃이 달린다. 역시 생존력과 번식력이 아주 강한 공격적인 수중 식물로 썩 좋은 산소 공급기 역할을 하니 물고기나 개구리에게 얼쩡거릴 자리와 더없이 맑은 공기를 제공할뿐더러 알 낳을 장소와 먹잇감까지 제공한다. 땅 위나 물속이나 가릴 것 없이 풀과 물풀이 없는 곳엔 동물이 살지 못하는 법! 북반구의 온대 지방에 주로 분포하고 우리나라에서는 대체로 중부 지방 이북에서 자란다.

◘천생 고사리 닮은 생이가래 *Salvinia natans*

생이가래water fern는 고사리목Salviniales 생이가래과Salviniaceae의 한해살이풀이며, 고인물이나 논, 늪 따위의 수면에 떠서 떼지어 군생한다. 뿌리는 없지만 3개의 잎 중에서 침수하는 잎 하나가 잘게 갈라져서 뿌리처럼 보이고, 2장은 물 위에 마주나기로 떠 있다. 줄기는 가지치기를 하며, 잎은 넓은 타원형으로 길이 1.1센티미터, 너비 7~8밀리미터이다. 잎자루는 짧고, 잎을 확대해서 보면 규칙적으로 인모鱗毛, 식물의 줄기나 잎 따위의 겉면을 덮는 잔털가 가득 나 있다. 가을에는 물속에 들어 있는 잎에 2가지의 포자낭胞子囊을 형성하니, 대포자낭은 적어도 10개로 각각 1개씩의 큰 포자가 들어 있고, 소포자낭은 보통 64개의 작은 포자를 가진다. 포자는 구형이고, 지름 0.1~0.2밀리미터로 포자를 만든다는 점에서 천생 양치식물의 고사리를 닮았다. 세계적으로 12종이 살고, 우리나라에서는 중부 이남 어느 곳에서나 흔히 볼 수 있으며, 한대 지방을 제외한 전 세계에 분포한다.

파죽지세破竹之勢라는 말을 이럴 때 써도 되는지 모르겠다. 인도의 남부, 스리랑카, 아프리카 등지에서는 성장 속도가 무지하게 빨라서 어느새 호수를 두꺼운 깔개처럼 덮어 버려 물의 흐름을 막는 것은 물론이고 배도 힘이 부쳐 꼼짝 못하게 하는 공격적인 잡초이다. 그런가 하면 사람 질리게 하는 이것을 관상용으로 심어 되레 몹시 융숭한 대접을 하기도 한다. 이렇게 인생살이도 번번이 잘함과 잘못함, 노여움과 즐거움, 밝음과 어둠, 궁핍과 풍요, 기쁨과 슬픔, 행복과 불행의 명암이 엇갈리는 수가 있다.

◘ '부평초'라 부르는 개구리밥 *Spirodela polyrhiza*

개구리밥duck weed, a floating weed은 속씨식물문 외떡잎식물강Monocots 천남성이목Alismatales 개구리밥과Araceae의 한해살이풀이다. 속명에서 'Spiro'는 '실thread', 'dela'는 '보이는visible'이라는 뜻으로 뿌리를 뜻하고, 종소명의 'poly'는 '많다', 'rhiza'는 '뿌리'라는 의미로 속명과 종소명 둘 다 어김없이 '뿌리'를 강조하고 있다. 곧 뿌리가 식물체의 길이보다 길면서 여러 개 난 것을 개구리밥의 특징으로 봤던 것이다. 하나의 작은 잎같이 생긴 엽상 식물葉狀植物로 편평하고 넓은 달걀 모양이며, 길이 5~8

밀리미터의 아주 작은 꼬마 식물로 한국에는 개구리밥과 좀개구리밥 2종이 있다. 물이 거의 흐르지 않는 논이나 연못의 물 위에 떠서 뿌리를 흙에 박지 못하고 사는 부엽 식물이다. 식물체의 아랫면 가운데에서 가는 뿌리가 여럿 나오고, 그 뿌리로 물에 녹아 있는 양분을 흡수한다.

꽃을 피우는 현화식물 중에서 제일 작은 하얀 꽃을 피운다고 하는데, 7~8월에 간혹 피는 것이 있으나 터무니없이 작아서 찾아보기도 어려울뿐더러 실제로 꽃을 피우는 것이 드물다고 한다. 가을에 모체母體에서 생긴 타원형의 작은 겨울눈이 바닥에 가라앉아 마른 땅에서도 죽지 않고 겨울을 나며, 이듬해 봄이 되면 물 위로 나와 발아한다. 타원형의 엽상체는 5~8밀리미터, 너비는 4~6밀리미터로 앞면은 녹색이나 뒷면은 자주색이다. 2~5개의 개구리밥이 서로 마주보고 이어져 붙어 나며, 각각의 잎 뒷면 가운데에서 가는 뿌리가 7~12개 나오고, 뿌리가 나온 부분의 옆쪽에 곁눈이 나와 새 식물체가 생긴다. 물론 뿌리뿐만 아니라 식물 전체가 영양분을 흡수한다. 다시 말해 크던 작던 관계없이 2~5개의 엽상체가 붙어 있더라도 그 하나하나가 개구리밥인 것.

사람이 산다는 것이 마치 물 위 개구리밥과 같이 보잘것없는 떠돌이처럼 생활한다는 뜻으로 '부평초浮萍草 인생'이라거나

'부평초 신세'라 하는데, 그 부평초가 바로 이 식물이다. 물꼬나 틔우는 날에는 논길 물이나 도랑물이 흐르는 대로 몸을 맡겨 놓아 물살을 타고 잇따라 쏟아지듯 세차게 떠내려간다.

헌데, 잘 알다시피 개구리는 살아 있는 벌레를 먹는 육식동물이므로 이것을 먹지 않는데도 '개구리밥'이라는 이름이 붙었다. 개구리의 놀이터인 무논에는 개구리밥이 한가득 나지 않는 곳이 없고, 천방지축 떠들썩거리며 물을 휘젓고 다니던 개구리가 논에서 짐짓 멀뚱멀뚱 둥그런 눈을 껌벅이며 머리를 쏙 내밀었을 적에 소소한 개구리밥이 눈가와 입가에 더덕더덕 붙는 것을 보고 우겨 붙인 이름일 터다. 아뿔싸, 이렇게 얼토당토않은 이름을 지은 것은 모름지기 과학 세계에서 무슨 일이 있어도 필히 삼가고 피해야 하는 선입관과 편견을 가지고 자연계를 헷갈리게 본 탓이다. 이를 거울삼아야 한다고 일깨워 주는 이름, 개구리밥! 이를테면 서양 사람들은 옥석을 칼날같이 가려 있는 그대로 알맞고 올바르게 보았으니, 오리가 달갑게 즐겨 먹는 풀이라 하여 'duck weed'라 불렀다.

개구리밥은 관상용으로 키우기도 하며, 부레옥잠이 그렇듯이 비료 성분이 지나치게 많아 부영양화된 곳에서 인이나 질소를 줄일 수 있을뿐더러 물에 산소를 공급한다. 성장 속도가 다른 유관속 식물보다 2배나 빨라서 부지불식간不知不識間에 물 위를 가득 덮어 생물들을 못살게 한다. 그런가 하면 그림자를 드리워 개구리나 작은 물고기가 노니는 그늘을 만들고, 물의 증발량을 줄이는 데도 한몫을 한다. 단백질과 지방 성분이 많은 개구리밥을 건어서 가축이나 가금의 사료로 쓰는 나라도 있다고 한다. "고랑도 이랑 될 날 있고 쥐구멍에도 볕 들 날 있다."고 보잘것없이 찬밥 신세로 괄시받던 개구리밥이 요즘은 알짜배기 대접을 받는다고 하는데, 번식 속도가 몰라보게 빨라 옥수수보다 대여섯 배 많은 녹말을 만들어 내기에 새로운 청정 생물에너지를 얻기 위해 각국이 머리를 싸매고 구슬땀 흘리며 애를 쓰기 때문이다. 세상사란 이토록 늘 엎치락뒤치락, 오락가락하는 것!

권오길

경남 산청에서 태어나 진주고, 서울대 생물학과 및 동 대학원을 졸업하였다. 수도여고, 경기고, 서울사대부고 교사를 거쳐 강원대 생명과학과 교수로 재직하였으며, 현재는 강원대 명예교수로 있다. 청소년을 비롯해 일반인이 읽을 수 있는 생물 에세이를 주로 집필했으며, 글의 일부가 중학교 국어 교과서('사람과 소나무')에 실리기도 했고, 현재 초등학교 4학년 국어 교과서에 '지지배배 제비의 노래'가 실려 있다. 포털 사이트 네이버(www.naver.com)의 〈오늘의 과학〉에 오랫동안 글을 연재하였으며, 강원일보에 15년 넘게 〈생물 이야기〉 칼럼을 연재하고 있다.

지은 책으로 지성사에서 출간한 『달과 팽이』, 『바람에 실려 온 페니실린』, 『열목어 눈에는 열이 없다』, 『생물의 애옥살이』, 『하늘을 나는 달팽이』, 『바다를 건너는 달팽이』, 『생물의 다살이』, 『생물의 죽살이』, 『꿈꾸는 달팽이』, 『인체기행』, 『개눈과 틀니』, 『흙에도 뭇 생명이…』, 『갯벌에도 뭇 생명이…』 등이 있다.

2000년 강원도문화상(학술상), 2002년 한국간행물윤리위원회 저작상, 2003년 대한민국과학문화상을 수상했다.